イラストで見る よくわかる騒音

- 騒音防止の原理と対策 -

スウェーデン労働環境基金 原編

アメリカ合衆国労働省労働安全衛生局 編
山本剛夫 監訳
平松幸三、中桐伸五、片岡明彦、車谷典男、熊谷信二、伊藤昭好 共訳

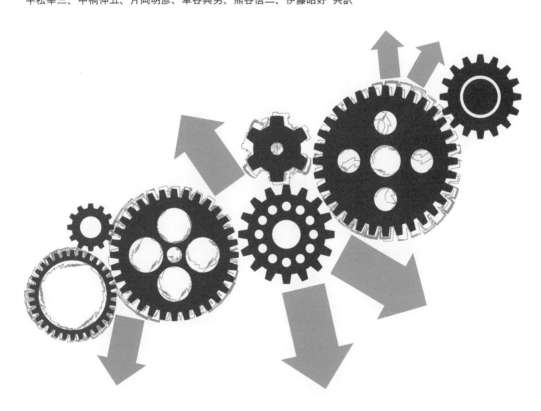

English : translated by Matt Witt.

Published by Occupational Safety and Health Administration, U.S.A, 1980.

Japanese : translated by HIRAMATSU Kozo.

Published by Japan Industrial Safety and Health Association, Japan, 2020.

監訳にあたって（労働科学研究所版 前書き）

　本書の原典は，労働環境の改善に関する教育，研究の進展を目的として，1977年スウェーデンの労働環境基金（Swedish Work Environment Fund）によって出版されたものであり，アメリカ合衆国労働教育センター（American Labor Education Center）のディレクターであるMatt Witt氏によって英訳，編集が行われ，1980年，同国労働省の労働安全衛生局（Occupational Safety and Health Administration）より出版されている（Noise control : A guide for workers and employers（OSHA3048））。

　本書は，まず，騒音による健康への影響を略述し，ついで，騒音制御に関する基礎的な原理をきわめて簡潔に，しかも一切の数式を使わないで，一般の人々にもわかるように説明し，さらに，それぞれの原理を応用した対策例を具体的に示し，最後に，総合的な立場から，騒音対策のまとめを行っている。また，ほとんどすべてのページにわたって，機械などの全体，および重要な部分を拡大したイラストをのせ，容易に内容が理解できるように仕組まれている。全書を通じて，音源対策に重点がおかれている。騒音対策に関して，以上のように，イラストを主とし，説明をできる限り簡潔化した本は，わが国においてはまず例をみない。

　本書に記載された騒音対策については，材料の音響特性を含め，すでに理論的にも十分解明されたものもあり，また，その途上のものもある。専門家にとっては，数式による定量的表示，あるいはメカニズムの解説が行われていないため，不満も残るであろうが，本書の目的は，騒音職場など，実際の現場において，自らの手で，今すぐ騒音対策を実施したいと考えている方々に対策のヒントを提供すること，あるいは専門家に相談する前の予備的な知識を把握することにある。実際の応用に際しては，ここに示された対策を部分的に改変したり，あるいはいくつかの対策を同時に実施することが必要となるであろうし，また，条件によっては，予期した結果が得られない場合も起こりうるであろう。しかし，職場や環境の改善に必要なものは，何よりも現場の方々の熱意であり，そしてその熱意に支えられた実践である。

　邦訳にあたっては，英語版を基礎とし，疑問のある部分をスウェーデン語版で確認，修正をしながら，できるだけわかりやすい文章とするように努めた。なお，邦訳は6人が分担して行い，最終的に私が原文と照合しながら，用語の修正，追加を行った。

　本書の本文等は，当初，『イラスト　現場の騒音対策』と題して，1992年，オーム社より出版された。これに対し，日本音響学会誌（Vol.49 No.6, p.457, 1993）に，飯田茂隆氏による書評が掲載された。主な意見を抜粋させていただくと以下のとおりである。「本文の後に付録として難聴，防音保護具，騒音測定と評価についての解説と労働法規がのせてある。ここには写真やグラフは入っているが，本文との間になじまないものを感ずる。法規は別としても，他の部分は本文と同じようなイラスト入りで文章を少なくして説明すると全体としてバランスの取れたものになったのではないかと惜しまれる。……教育用テキストとしても使えるが，その際は講師が

定量的な説明を加えることにすればよい。今後は専門書の中にも漫画的ビジュアルな要素を入れることで理解を深められるようにできると思う」と。

　今回，オーム社の快諾を得て，『安全と健康実践ガイド2　現場に役立つ騒音対策』と題して，(財)労働科学研究所出版部によって別の本として出版されることとなり，価格の軽減と上記の書評とを考慮し，「騒音障害防止のためのガイドライン」のみを資料として掲載することとした。

　本書が，騒音に関心を持つ，労働者，事業者，衛生管理者，公害防止管理者，行政官，技術者，ならびに環境科学者をはじめ，広く一般の方々に活用され，騒音軽減に役立つことを期待する。

2003年6月

京都大学名誉教授
山 本　剛 夫

目　次

1. 騒音：その健康への影響

聞く能力の大切さは，はかりしれません。もし，聞く能力がなければ，仕事でも余暇でも充実した人生を送ることはむずかしいでしょう。

ところが，強い騒音は，聞く能力を台なしにし，場合によっては，心臓などの器官にもストレスを与えます。

騒音が原因となって起こる健康障害の多くは治りません。だから，強い騒音にばく露されないようにする以外に，予防法がないのです。

聴力への影響

騒音による聴力損失の程度は，主に音の強さとばく露時間によって決まります。騒音の周波数（高さ）も関係し，高い音は低い音よりも有害です。

騒音は，内耳を疲労させ，一時的に聴力損失を起こしますが，時間がたつと，聴力は回復します。しかし，作業者は一時的な聴力損失が起こっても，回復しないまま翌日の勤務につかなければなりません。その意味で，影響は，一時的というより「永久的」なのです。

騒音ばく露が続くと，聴力は一時的損失から回復することができず，永久的な損失となってしまいます。永久的な聴力損失は，内耳の細胞が損傷を受けることによって起こりますが，この細胞は再生や修復がききません。損傷は，強い騒音に長期間ばく露されたり，短期間であっても騒音が強烈な場合に起こります。

普通，作業場の騒音は，まず，高い音を聞く能力に影響を与えます。その結果，騒音は聞こえるけれども，音声などの音がぼやけたり，ひずんで聞こえたりするようになります。そのため，騒音性難聴になった人は，よく「声は聞こえるけれども，言っていることがわからないんですよ」とこぼすことになります。

音がひずんで聞こえる現象は，他の音が同時に鳴っていたり，おおぜいの人が話をしているときに，特によく起こります。会話がしにくくなると，どうしても家族や友人から孤立しがちになります。

また，音楽や自然の音を聞く楽しみもなくなります。

補聴器は音を大きくすることができても，明瞭にすることはできないため，難聴のうめあわせにはなりにくいものです。

騒音性難聴になった人は，「耳鳴り」に悩まされることもあります。耳の中で，たえず音が鳴っているのです。さまざまな治療が試みられていますが，今のところ，耳鳴りを治すことはできません。

その他の影響

　騒音の影響に関する研究は，まだまだ不十分です。しかし，騒音ばく露は心拍数を増加させるとともに，血管を収縮させ，血圧を上昇させると考えられています。

　騒音は，またホルモンの分泌を異常に高めたり，筋肉を緊張させたりして，他の器官に対するストレスにもなります（図－1）。

　騒音職場で働く人は，ときにいらいらしたり，不眠や疲労などを訴えることがあります。騒音環境のために作業能率が低下したり，欠勤率が高くなったりします。

瞳孔の散大

甲状腺ホルモンの分泌促進

どうき

アドレナリンの分泌促進

副腎皮質ホルモンの分泌促進

胃腸のぜん動運動への影響

筋肉の緊張

血管の収縮

図－1　騒音の身体への影響
内耳の損傷による騒音性難聴のほか，その他の身体影響も起こり，図に示すような反応がみられる。

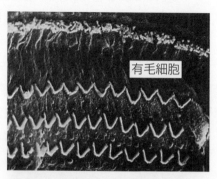

有毛細胞

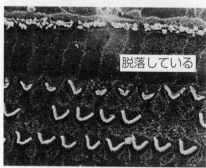

脱落している

図－2　コルチ器にある有毛細胞の著しい損傷
上；正常有毛細胞
下；騒音ばく露によって損傷を受けた有毛細胞

2. 騒音対策：基礎

騒音対策の話の前に，以下の言葉の意味を理解しておいてください。

音

音源が，隣りあう空気に対して波動を起こしたとき，音が発生し，その波動は音源からはるかに隔たった空気の粒子にまで広がっていきます。音が空気中を伝わる速度は毎秒約340mです。その速度は液体中や固体中では速くなり，例えば，水中では毎秒1,500m，スチール中では毎秒5,000mにもなります。

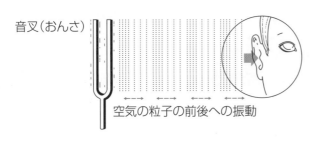

図－3　音の広がり方
音源が振動し，空気の粒子を動かす。
そして，鼓膜を振動させる。

周波数

音の周波数とは1秒当たりの振動数のことで，単位はヘルツ（Hz）を用います。音が聞こえる周波数の領域は広く，若い人だと，20Hzから20,000Hzの範囲の音を聞くことができます。

普通，1,000Hzを境にして，それより低い音を低周波音，高い音を高周波音と呼んでいます。

音は単一の周波数の音（純音）だけで構成されることもありますが，強さが違うさまざまな周波数成分を含むのが普通です。

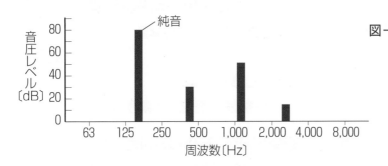

図－4　音の周波数
純音は，周波数と音圧レベルを示す1つの棒で表される。図は楽音の場合で，周波数と音圧レベルの異なったいくつかの音からなる。

騒　音

　望ましくない音を「騒音」と呼びならわしています。騒音の不快感は，音の強さと周波数によって決まります。例えば，高い音は低い音よりうるさく感じます。純音は，さまざまな周波数成分を含む音よりうるさく感じます。

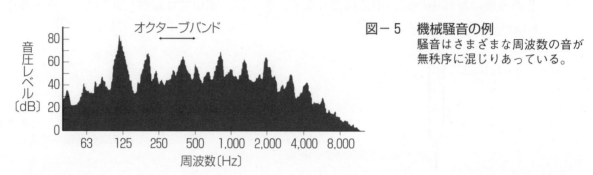

図－5　機械騒音の例
騒音はさまざまな周波数の音が無秩序に混じりあっている。

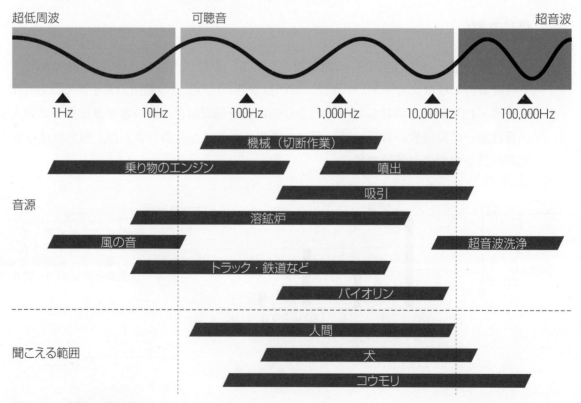

図－6　音源の周波数
空気を噴出したり吸引したりする音は，強さが同じなら，トラックの騒音より周波数が高いので，うるさく感じられる。

超低周波音と超音波

　周波数が20Hz以下の音を超低周波音といい，20,000Hz以上の音を超音波といいます。これらの耳に聞こえない音も，条件によっては身体に影響を与えることがありますが，本書では聞こえる音だけを扱うことにします。

デシベル

　騒音レベルの測定単位は，デシベル（dB）を用います。騒音レベルが10dB増すと，約2倍の大きさに聞こえます。逆に，10dB下がると，大きさが半分になったように聞こえます。

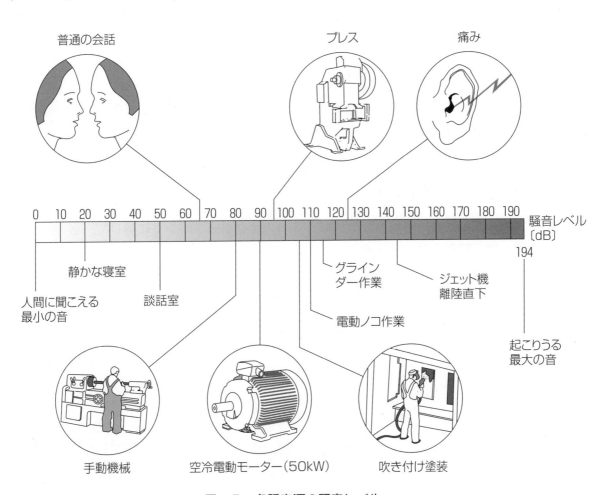

図－7　各種音源の騒音レベル

騒音レベルの測定

　騒音レベルの測定には，騒音計を用いますが，これは周波数の違いに対する人間の耳の感度（この感度をA特性と呼ぶ）を考慮して設計された計器です。この騒音計を用いて，A特性音圧レベル（＝騒音レベル，単位：dBまたはdB（A））を測定することになります。

　作業場で騒音を測定すると，機械や材料を取り扱うときに発生するさまざまな騒音と，背景となるバックグラウンドノイズ（暗騒音）が混ざって測定されます。バックグラウンドノイズは，例えば換気扇，冷却用コンプレッサー，循環ポンプなどの音です。

　作業場の騒音問題を正確に把握するためには，各音源からの音を別々に測定することも必要となります。稼働状態の違うときを選んで騒音測定を行えば，対策を立てるうえで参考になるでしょう。

騒音レベルのたし算

　2つ以上の騒音レベルを単純にたし合わせることはできません。図－8は，2つの音が同時に鳴っている時の騒音レベルが，両方のレベル差によって決定されることを示しています。同じレベルの音が2つ以上同時に鳴ると，騒音レベルは上がるのです。

オクターブバンド

　実際の測定では，可聴周波数領域を8つのオクターブバンドに分けて，各バンドごとの音圧レベルで，騒音の周波数構成を表示することがあります。1つのオクターブバンドの上限の周波数は下限の周波数の2倍となっており，オクターブバンドは中心周波数によって示されます。例えば，354〜708Hzのオクターブバンドの中心周波数は500Hzになります。

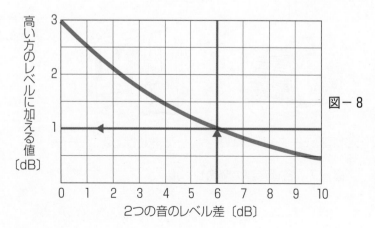

図－8　2つ以上の騒音レベルのたし算
ひとつのファンの音が50dB，もうひとつのファンの音が56dBだとする。その差は6dBであるから，高い方のレベルに1dBをたすとよい。したがって，両方のファンを同時に運転すると57dBになる。

音の伝播(ぱ)

　一般に，音というと空気中の音波のことを意味します。しかし，音波は液体や固体の中でも伝播します。そして，それは空気中に伝わって，われわれに聞こえるような音波になることがあります。

共　鳴

　物体や空気の塊は共鳴し，ひとつまたは複数の周波数の音を強めます。その周波数は，物体や空気の塊の大きさと形によって決まります。

音の距離減衰

　屋外で伝播する音の騒音レベルは，音源からの距離が2倍になるごとに約6dBずつ減衰します。室内では，反響のために減衰は6dBより小さくなります（図－9参照）。

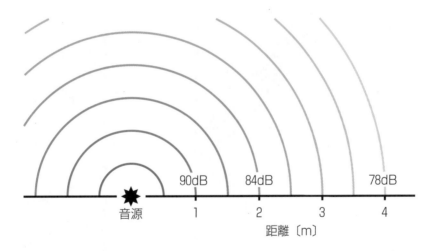

図－9　音の距離減衰例
　　　　音源が小さく，1m離れた地点で90dBの音を発生している場合，
　　　　2mの地点では84dB，4mの地点では78dBとなる。

音の透過損失（TL）

　壁に音波がぶつかると，音のごく一部だけが通りぬけて（透過して），大部分は反射されます。壁がどれほど音の透過を阻止するかは，その透過損失（TL）によって表され，単位はデシベル（dB）を用います。透過損失は，壁材の特性値であって，使い方によって変化することはありません。

騒音の減衰量（NR）

　騒音の減衰量とは，しゃへい物によって実際に減少した騒音レベルのことであり，騒音源をしゃへいする前後に測定した騒音レベルの差のことです。NRとTLは必ずしも一致しません。

吸　音

　音は多孔質の材質に当たると，吸収されます。市販されている吸音材は，通常，音のエネルギーの70％以上を吸収します。

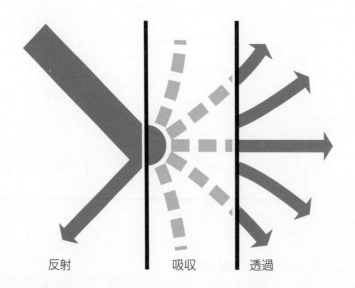

反射　　　　吸収　　　透過

図－10　音の透過損失例
　　　　壁に当たる音は，一部が反射され，一部が吸収され，残りが透過する。壁の
　　　　透過損失（TL）は，騒音のうち壁を透過しない部分によって決定される。

3. 騒音対策の原理と応用

　この章では，騒音対策の基本的な原理と，その応用について説明しましょう。多くの場合，複数の原理を適用して，複数の対策を実行しなければなりません。もちろん，ここで紹介する原理によって，騒音問題がすべて解決できるわけではありません。

　その原理について，次の 8 つに分けて考えることにします。
- A．音の性質
- B．振動する板から発生する音
- C．空気などの気体内での音の発生
- D．流れる液体内での音の発生
- E．室内での音の動き
- F．ダクト内での音の動き
- G．振動する機械から発生する音
- H．しゃ音壁による音の減衰

　図の中で使っている大きな色矢印は強い音の放射を示し，小さな色矢印は弱められた音の放射を表します。

力，圧力，速度が変化すると，騒音が発生します。

　力，圧力，速度が変化すれば，必ず音が発生します。変化が大きいほど騒音は大きく，変化が小さいほど騒音は小さくなります。同じ仕事でも，弱い力で時間をかけて行うより，大きな力で一気に行うときのほうが騒音は大きくなります。

原　理

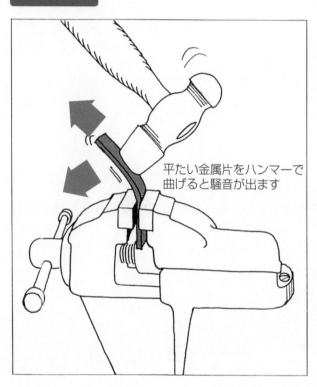
平たい金属片をハンマーで
曲げると騒音が出ます

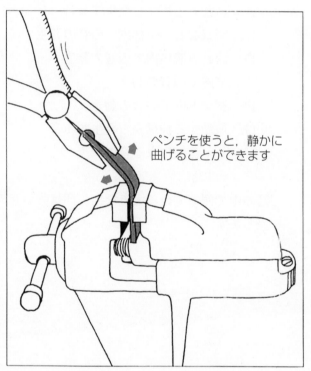
ペンチを使うと，静かに
曲げることができます

図―11　ハンマーとペンチの違い

事例

箱を製作するこの機械では，厚紙をナイフ状の刃で切断しています。厚紙をまっすぐに（垂直に）切断するためには，刃を非常にすばやく，大きな力で動かさなければなりません。その結果，大きな騒音が発生しています。

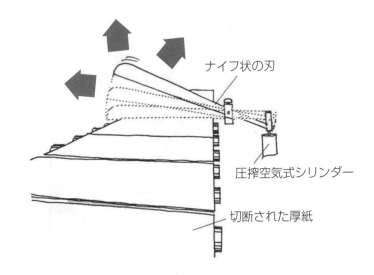

ナイフ状の刃

圧搾空気式シリンダー

切断された厚紙

対策

図−12　騒音が発生する機械の例

厚紙を横切るように動く刃を使用すると，時間はかかりますが，最小限の力で切断できます。まっすぐに切断するには，厚紙の動きに合わせて，刃を一定の角度で動かせばよいのです。こうすれば，騒音はほとんど発生しません。

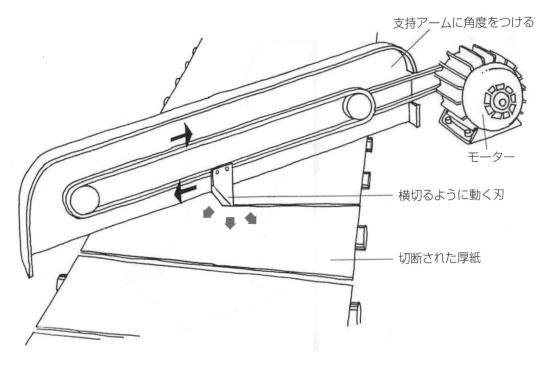

支持アームに角度をつける

モーター

横切るように動く刃

切断された厚紙

図−13　騒音対策例

空気伝播音は，固体の振動あるいは流体の乱れによって発生します。

例えば，楽器の弦の振動は，こまを通って共鳴体に伝わります。共鳴体が振動すると，音が空気中に伝わります。

循環ポンプは，暖房装置内の水に圧力変動を発生させ，その音波はパイプを通ってラジエーターに伝わります。その結果，広い金属表面から空気中に音が伝わります。

原 理

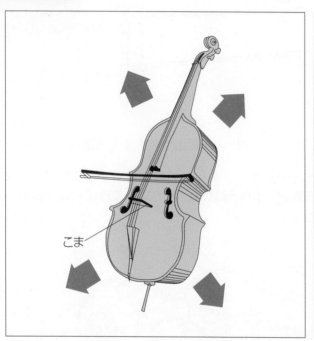

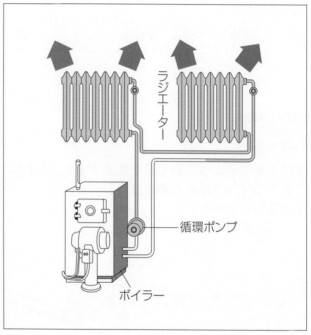

図−14 チェロ

図−15 循環ポンプ

〈訳注〉空気伝播音：音源から放射されて空気中を伝播する音波。音は空気中だけでなく，固体中も伝播するので，それと区別する場合に用いられる（『音響用語辞典』日本音響学会編，コロナ社）。

事 例

　パイプ内の乱流が音を発生させ，それが建物にも伝わっています。

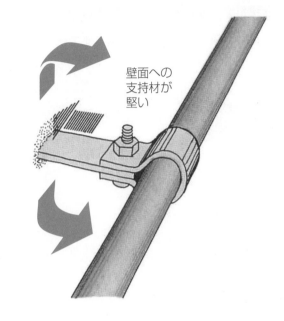

壁面への
支持材が
堅い

図－16　パイプが騒音源

対 策

　パイプ内の乱れを減少させることに加えて，パイプを防振材で包むのがよいでしょう。パイプをフレキシブルな支持材で天井や壁に取り付ければ，振動は伝わりません。

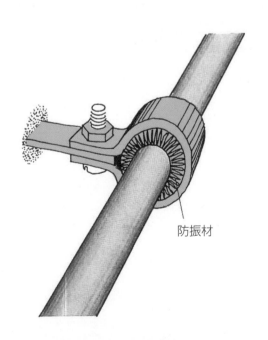

防振材

図－17　防振材例

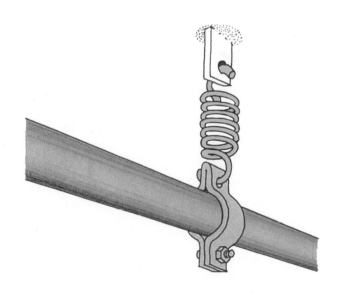

図－18　フレキシブル支持材例

振動は，非常に遠くまで伝わってからでも，音を発生させることができます。

　固体や液体中の振動は，遠くまで伝わってからでも，空気中に音を発生させたり，遠方にある建物を共振させたりします。振動源のできるだけ近くでその振動を止めることが，最善の解決策です。

原　理

列車からの振動は，音として線路を伝わり，かなり離れていても聞こえます

図－19　列車からの振動

〈訳注〉固体伝播音：各種の振動源の振動が建物構造体などの固体中を伝わり，それが壁・床・天井などを振動させることによって
　　　　放射される音。固体中を伝播する可聴周波数域の振動に限定して用いる場合もある（『音響用語辞典』日本音
　　　　響学会編，コロナ社）。

事 例

　エレベーターからの振動が建物のいたるところに伝わっています。

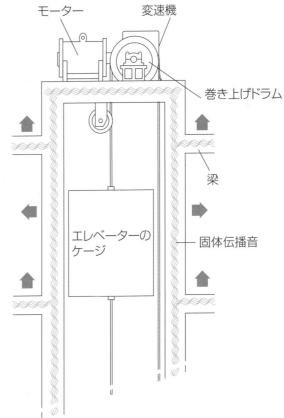

モーター　　変速機

巻き上げドラム

梁

エレベーターの
ケージ

固体伝播音

図－20　エレベーターの振動の伝播騒音

対 策

　エレベーターの動力部を建物自体から，絶縁しました。

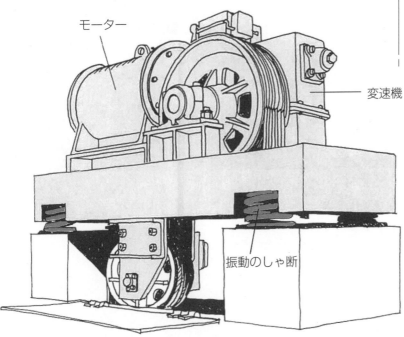

モーター

変速機

振動のしゃ断

図－21　振動のしゃ断例

反復が遅いほど，騒音の周波数は低くなります。

　低周波音の周波数は，主に，音源の力や圧力，そして圧力の反復速度によって決まります。変化の時間間隔が長いほど，騒音の周波数は低くなります。騒音の高さは，そうした変化の程度で決まります。

原　理

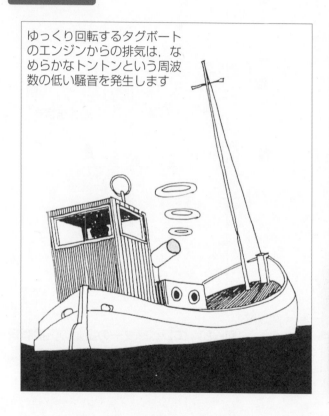

ゆっくり回転するタグボートのエンジンからの排気は，なめらかなトントンという周波数の低い騒音を発生します

図−22　タグボートのエンジン

船外モーターのように，急激に反復する圧力の変化は，周波数の高い騒音を発生します

図−23　船外モーター

事　例

　2つの歯車は，直径は同じですが，歯数が異なります。2つが同じ速度で回転すると，歯数の少ないほうが周波数の低い騒音を発生することになります。

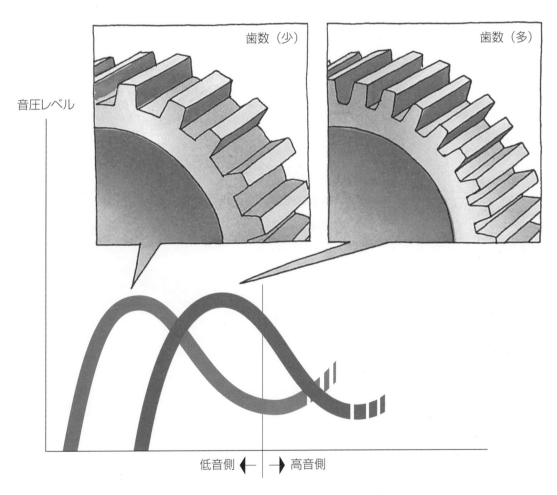

図－24　歯車の歯数による周波数の違い

周波数の高い音は，指向性が強く，反射しやすい性質を持っています。

　周波数の高い音が硬い面にぶつかると，鏡に当たった光のように反射します。周波数の高い音は面のふちを回り込みにくい性質を持っています。

原　理

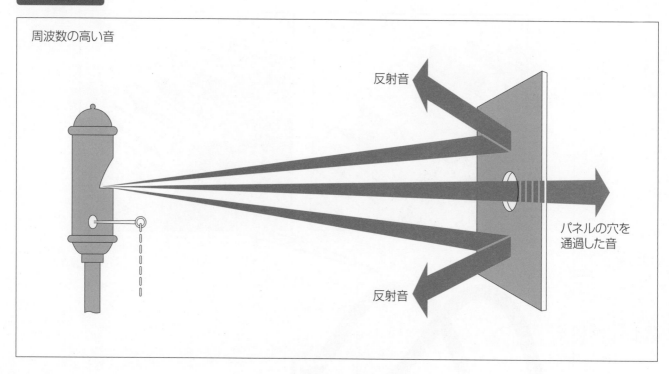

図－25　周波数の高い音の伝わり方

事　例

　周波数の高い騒音が，高速びょう打ち機から，直接，作業者の耳に入っています。

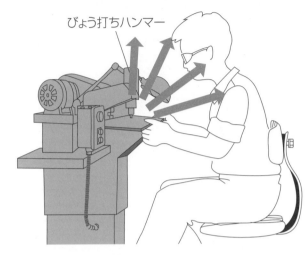

図－26　びょう打ちハンマー

対　策

　機械の下部付近に開口部を持つしゃ音性のフードを取り付け，機械をおおいました。フードには，吸音材の内張りをほどこし，開口部の上側は安全ガラスでカバーしました。こうすると音が耳のほうに向かって放射されても，安全ガラスがその音を吸音壁のほうに反射します。その結果，作業者が受ける騒音のレベルは軽減されます。

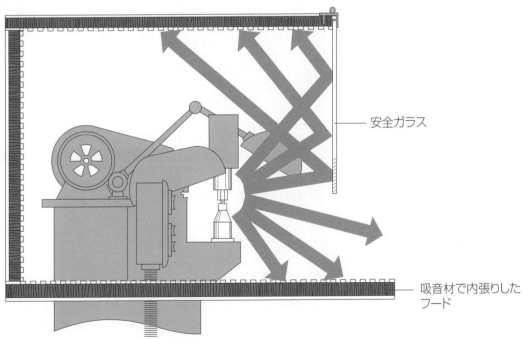

安全ガラス

吸音材で内張りした
フード

図－27　しゃ音性のフード

周波数の低い騒音は，物体を回り込み，また開口部を通り抜けます。

　周波数の低い騒音は，すべての方向にほぼ同じ強さで広がります。物体のふちを回り込み，穴を通り抜けて，すべての方向に伝わり続けます。しゃへい物は，十分に大きくなければほとんど効果がありません。

原　理

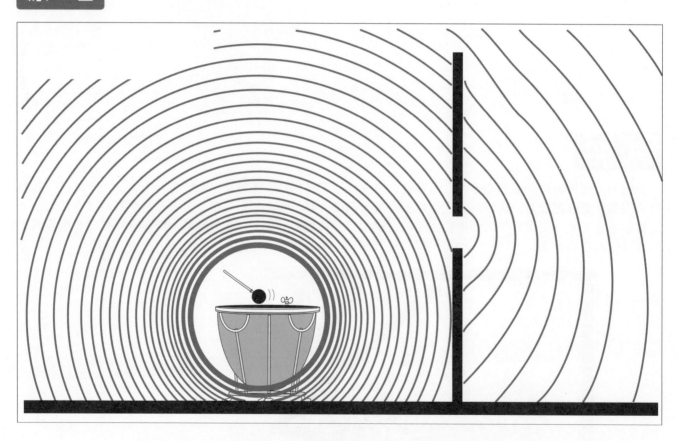

図－28　周波数の低い騒音の伝わり方

事　例

　コンプレッサーとその内部のディーゼルエンジンの吸排気部に効果的な消音器を付けても，周波数の低い，大きな騒音が発生するおそれがあります。

図－29　騒音対策をしていないコンプレッサー

対　策

　吸音材を取り付けた制振性の材料で完全に囲い込むと，騒音は減少しました。吸気と排気は，吸音性のダクトで作られた消音器を通さなければなりません。点検のための扉は，密閉する必要があります。

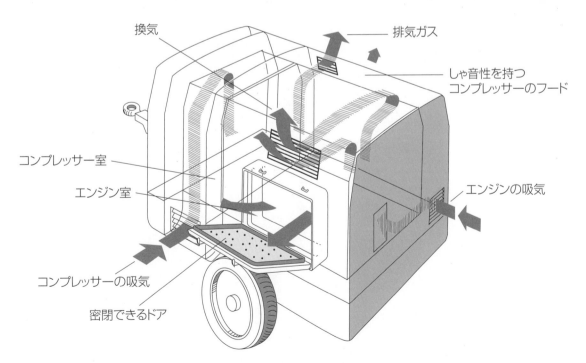

図－30　コンプレッサーの騒音対策例

周波数の高い音は，空気中を進むにつれ，大きく減衰します。

　周波数の高い音は，空気中を進むと，周波数の低い音よりも大きく減衰する上に，しゃ音も容易です。そのため，騒音源のすぐそばで問題にならないかぎりは，騒音の周波数を高いほうにシフトさせることも騒音対策の1つの方法でしょう。

原　理

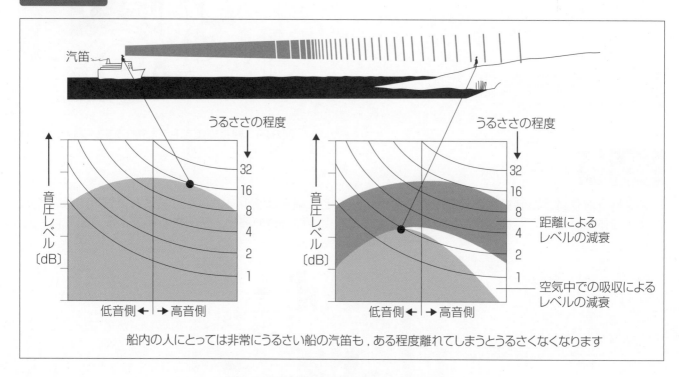

図－31　周波数の高い音は減衰しやすい

事 例

　工場の屋上に取り付けられたファンから発生する周波数の低い騒音が，400m離れた住宅地で問題となっています。

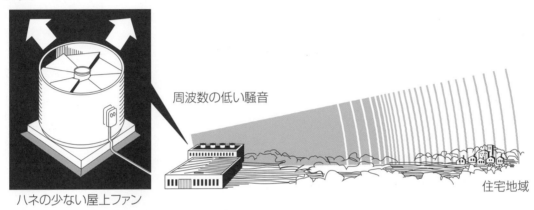

ハネの少ない屋上ファン

周波数の低い騒音

住宅地域

図−32　周波数が低いと音は減衰しにくい

対 策

　屋上のファンを，容量は同じでハネの多いものに取り替えました。その結果，周波数の低い騒音が減り，周波数の高い騒音が増えました。こうして，周波数の低い騒音はうるさくなくなり，周波数の高い騒音は距離減衰のため問題とならなくなりました。

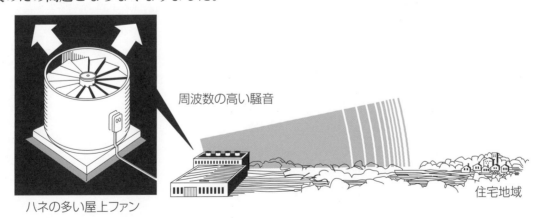

ハネの多い屋上ファン

周波数の高い騒音

住宅地域

図−33　周波数を高くすると伝播範囲が狭くなる

〈訳注〉わが国では，工場と民家が混在している場合が多く，また現在，工場付近に民家がない場合でも，今後，建設される可能性がある。高い音は，低い音に比べて，うるさく感じられることも考え合わせると，ここで示されている対策が適用できるのは，限定された場合になると思われる。

周波数の低い騒音のほうが，うるさくありません。

　人間の耳は，周波数の高い騒音に比べ低い騒音に鈍感です。騒音を減少させることができなくても，周波数成分を低い方にシフトさせることはできるかもしれません。

原　理

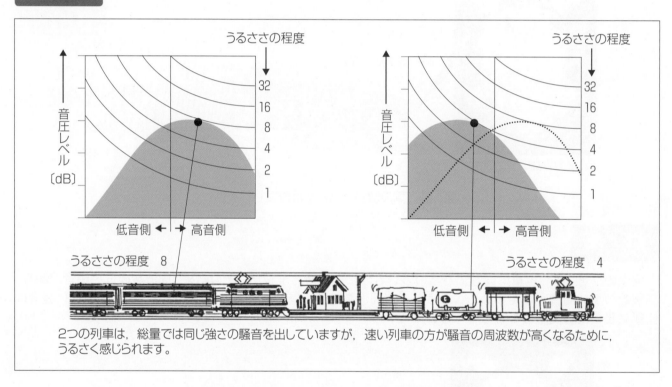

図−34　周波数の違いによるうるさの程度の違い

事 例

　この船のディーゼルエンジンはスク
リューに直結され，毎分125回転で運
転されています。スクリューからの騒
音が，船内を非常にうるさくしていま
す。

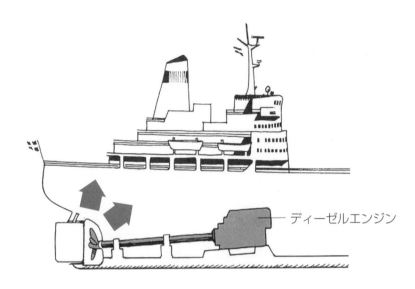

図－35　毎分125回転のスクリュー

対 策

　スクリューの回転速度を毎分75回転に落とすため，差動歯車をエンジンとスクリューの間に取り付け
ました。スクリューは，大型のものに取り替えました。この結果，騒音の周波数は低くなり，うるささが
減少しました。

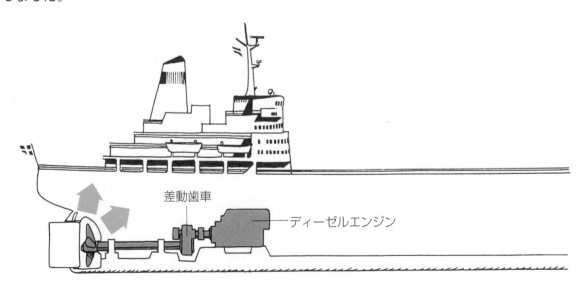

図－36　毎分75回転の大型のスクリュー

B1　振動する板から発生する音―板の大きさと厚さ

振動面が小さいほど，音は小さくなります。

　表面積の小さな物体は，強く振動していても大きな騒音を出さないことがあります。騒音を防ぐには，表面積を小さくしなければなりません。機械は，必ずある程度は振動するので，騒音対策の観点からは，なるべく小さくするのがよいでしょう。

原　理

シェーバーからの振動がガラス板に伝わり，大きな騒音が出ています

図－37　振動面が大きい場合

振動がほかに伝わらないので，大きな騒音は出ません

図－38　振動面がない場合

事 例

　非常に大きい騒音が油圧システム制御盤から発生しています。

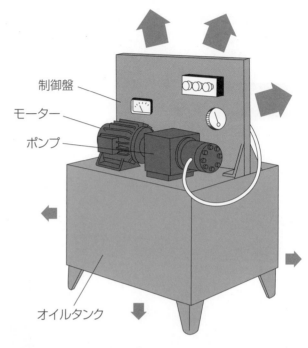

図－39　振動面が大きい場合

対 策

　制御盤をシステム本体から分離しました。振動面が小さくなったため，騒音レベルも低下しました。

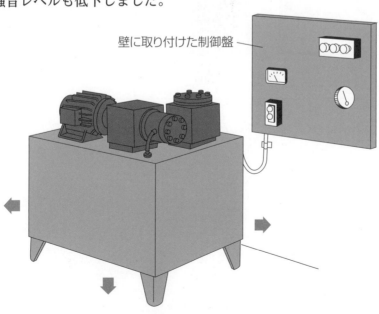

図－40　振動面を分離させた場合

穴がいっぱいあいているパネルは，騒音を減少させます。

　振動体の面を常に小さくできるとはかぎりません。振動面はポンプのピストンのように，空気を前後に動かして音を放射します。そこでパネルに穴をあけると「ピストン」から空気が漏れて，ポンプとしての機能が低下します。穴のあいたパネルの代わりに網，格子，エキスパンドメタル（網状の鋼板）などにしてもよいでしょう。

原　理

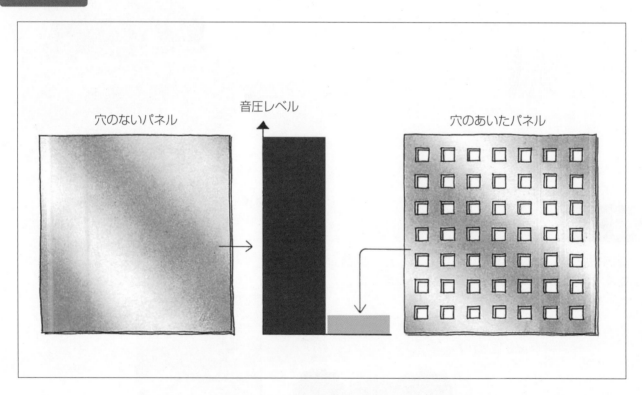

図－41　穴のないパネルと穴のあいているパネルの騒音の違い

事 例

　プレスのフライホイールと駆動ベルトをおおう安全カバーが，主な騒音源となっています。カバーは穴のない金属板でできています。

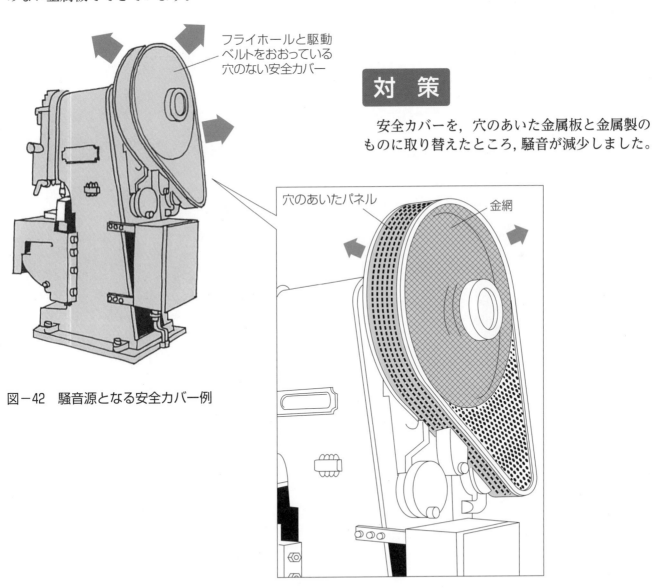

フライホールと駆動
ベルトをおおっている
穴のない安全カバー

対 策

　安全カバーを，穴のあいた金属板と金属製のものに取り替えたところ，騒音が減少しました。

穴のあいたパネル

金網

図－42　騒音源となる安全カバー例

図－43　安全カバーの交換例

細長い板は，正方形の板より小さい音を発生します。

　板が振動すると，まずその片面に過剰な空気圧が生じ，次いで反対側に同じことが起こります。音は両面から発生しますが，板の端の部分では，空気圧がたがいに打ち消し合うため，音の放射が少なくなります。だから細長い板が放射する音は小さいのです。

原　理

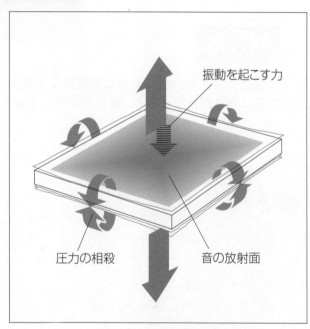

図-44　正方形の振動板

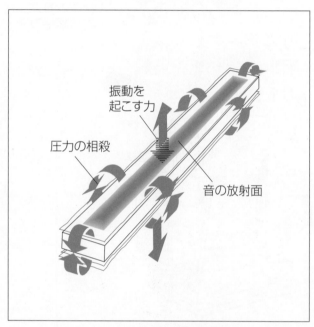

図-45　細長い振動板

事　例

　幅の広い駆動ベルトが振動して，周波数の低い，大きな騒音を発生しています。

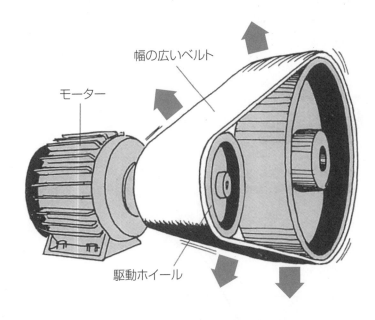

図－46　幅の広い駆動ベルト

モーター
幅の広いベルト
駆動ホイール

対　策

　幅の広い駆動ベルトをスペーサーで分けて，幅の狭いものに取り替えました。その結果，騒音問題は解決しました。

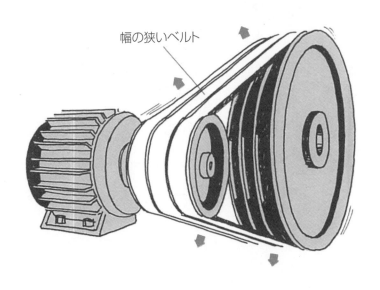

図－47　幅の狭い駆動ベルト

幅の狭いベルト

振動板の端を自由端にすると，周波数の低い騒音の発生が減少します。

　自由端を持った板（周囲が固定されていない板）が振動しても，板の両面で発生する空気圧は相殺されるため，音は弱くなります。端を固定すると，空気圧が相殺されなくなり，音の放射，とりわけ周波数の低い音の放射が増大します。例えば，スピーカーをキャビネットに組み込むと，低音域が増強されます。

原　理

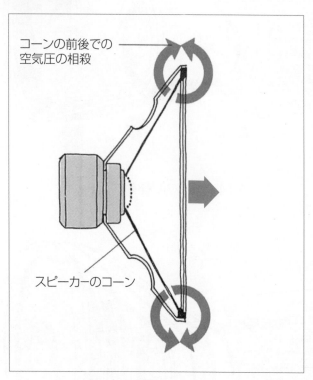

図－48　スピーカー

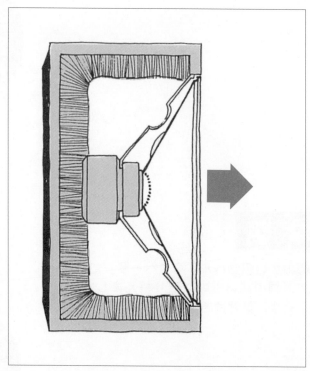

図－49　キャビネットに組み込まれたスピーカー

事例

　凹凸のある床で台車を押すと，台車の底板と横板から騒音が発生します。積荷が台車の板に当たった場合にも，音は発生します。空気圧の相殺は横板の上端部分でしか起こりません。

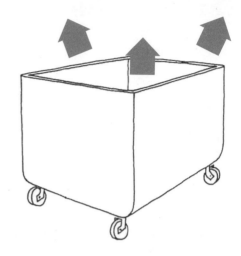

図－50　台車

対策

　横板を新しいものに取り替え，パイプ製のフレームに取り付けました。横板とフレームの間には隙間を持たせてあります。板のすべての端で空気圧が相殺され，周波数の低い騒音は小さくなりました。

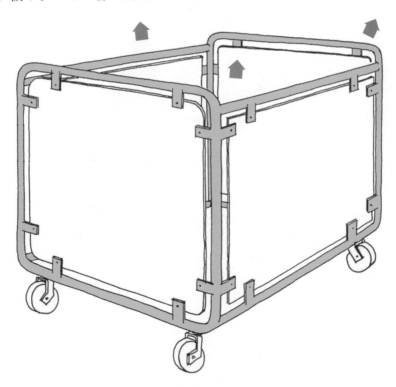

図－51　パイプ製のフレーム付台車

衝撃騒音は，物体が軽く，速度が遅い場合に最も小さくなります。

　板に物体がぶつかると，板は振動し，騒音が発生します。騒音レベルは，物体の重さと，ぶつかる速度に左右されます。物体を落下させる高さを 5m から 5cm に下げると，騒音レベルはおよそ 20dB 小さくなります。

原　理

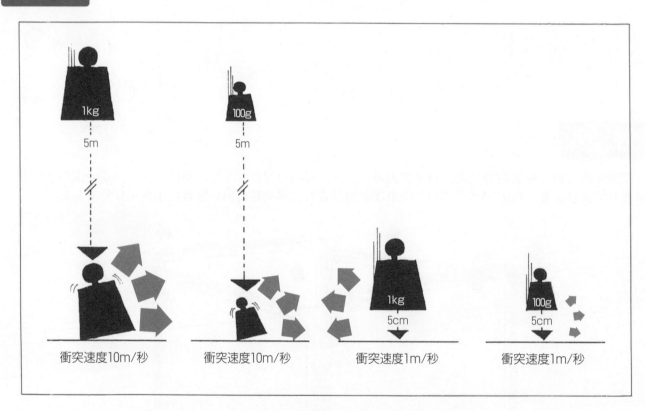

図−52　衝撃物体の重さおよび速度と騒音との関係

事例

スチール製の部品がコンベヤで保管箱に運ばれてきています。箱が空の場合には，落下距離が長くなり，大きな騒音が出ます。

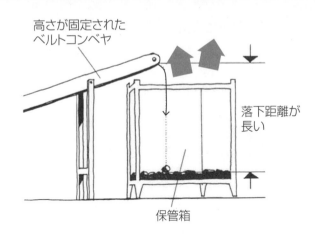

高さが固定された
ベルトコンベヤ

落下距離が
長い

保管箱

図-53　落下距離が長い

対策

油圧式のシステムを導入し，ベルトコンベヤを上下させるようにしました。部品は，ベルトからドラムを通って落下しますが，中に取り付けられたゴム板にぶつかり，落下速度が遅くなりました。このドラムは自動的に上昇するようになっています。

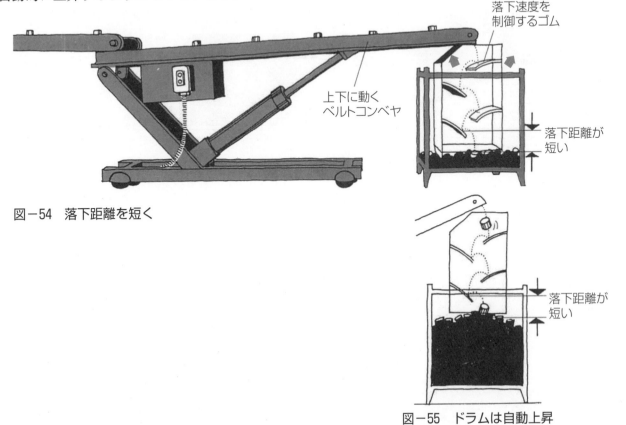

上下に動く
ベルトコンベヤ

落下速度を
制御するゴム

落下距離が
短い

図-54　落下距離を短く

落下距離が
短い

図-55　ドラムは自動上昇

制振材を使った面は音を弱めます。

　振動は板の中を通過しますが，進行する間に徐々に減衰します。しかし，普通，この減衰はそれほど大きくありません。そのような板を内部減衰の小さい材料であるといいます。例えば，鋼板は内部減衰が非常に小さい材料です。内部減衰の大きい材料でおおうか，それを間にはさめば，制振性が大きくなります。

原　理

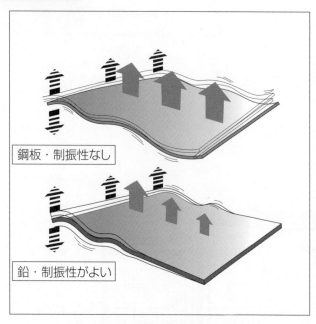

図−56　板での振動の伝播

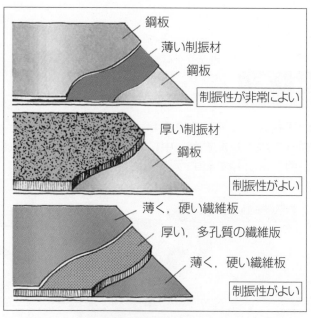

図−57　制振処理の例

〈訳注〉制振：振動エネルギーを熱など他の形態に変えて，その消滅をはかること。したがって，振動体そのものの振動を抑えることになる。
　　　　防振：振動体から他の部分に振動が伝達するのを防ぐこと。

事　例

このポンプシステムでは，金属板でできた連結部カバーが主要な騒音源となっています。

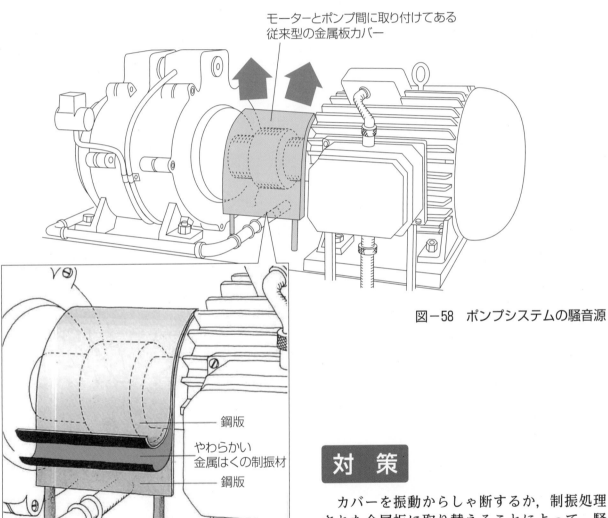

モーターとポンプ間に取り付けてある
従来型の金属板カバー

図－58　ポンプシステムの騒音源

鋼版
やわらかい
金属はくの制振材
鋼版

図－59　制振処理された金属板を活用

対　策

　カバーを振動からしゃ断するか，制振処理された金属板に取り替えることによって，騒音レベルを低下させることができます。連結部がサイレンのような騒音を発する場合には，カバーに防音用の内張りが必要です。

共振は騒音を強めますが，共振自体を弱めることができます。

　共振は，振動板からの騒音を著しく強めますが，振動板に制振性を持たせることによって，防ぐことができます。その際，振動板の表面の一部分を押さえるだけで十分です。まれに，ある1点を押さえるだけでも効果的な場合があります。

原　理

図−60　共振例

図−61　振動を止めた場合

グラスをたたくと
大きい音が出ます

振動を止めると，
音が消えます

事例

丸鋸の歯を切る自動歯切り盤から，強烈な共鳴音が発生しています。

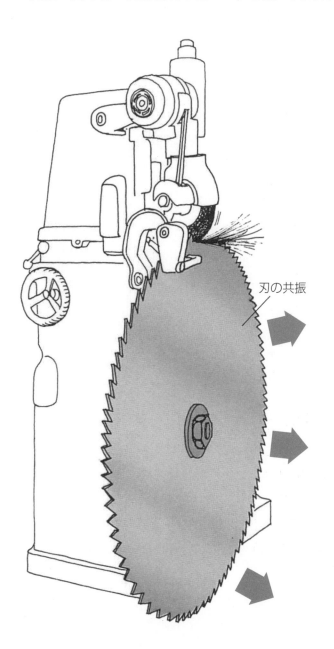

図−62　共振の発生

対策

丸鋸の刃にウレタンゴム付きの板をしめ付けることにより，共振を抑えることができました。

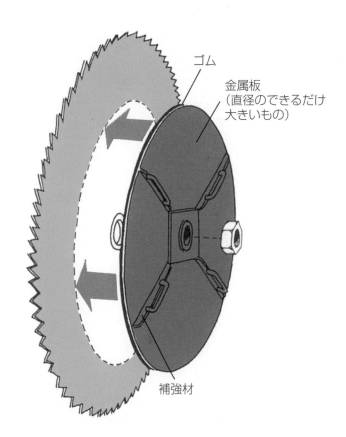

ゴム

金属板
（直径のできるだけ
大きいもの）

刃の共振

補強材

図−63　共振を抑えた例

共振の周波数を高くすると，共振は抑えやすくなります。

　大きな板では，制振が困難な，周波数の低い共振を生じることがよくあります。板を固定すると，共振周波数が高くなって，制振が容易になります。

原　理

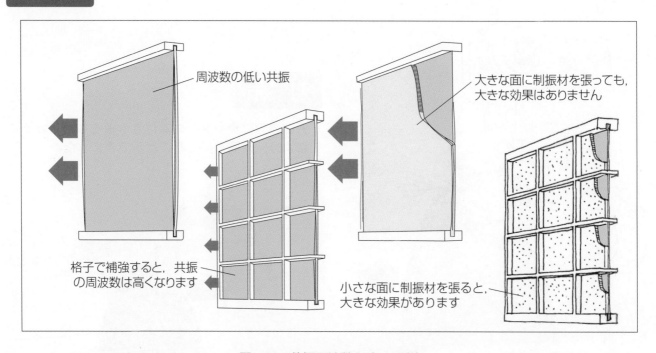

周波数の低い共振

大きな面に制振材を張っても，大きな効果はありません

格子で補強すると，共振の周波数は高くなります

小さな面に制振材を張ると，大きな効果があります

図−64　共振周波数を高める例

事 例

　この機械から発生する低周波音は,
主に機械の側板の共振によるものです。

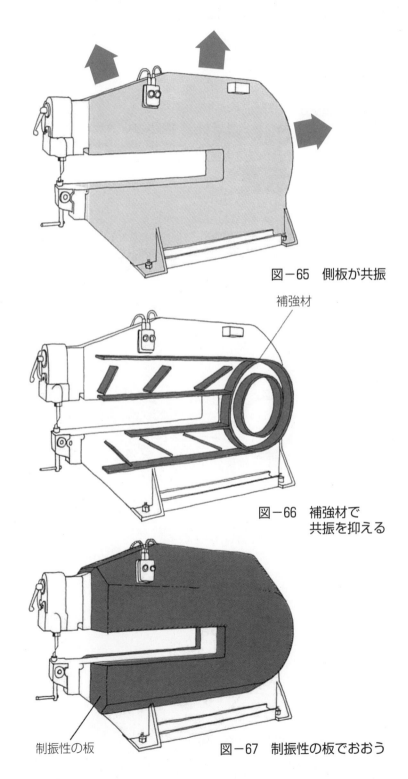

図-65　側板が共振

対 策

　機械の側板を鉄製の帯金で補強し,
その上を制振性の板でおおいました。

補強材

図-66　補強材で
　　　共振を抑える

制振性の板

図-67　制振性の板でおおう

風の音は防ぐことができます。

空気がある速度で物体の近くを通過するとき，カルマン渦による大きな純音が発生することがあります。例えば，「シッポ」のようなものを付けて気流にそって物体を長くしたり，形を不整形にすると，この音は防ぐことができます。

原　理

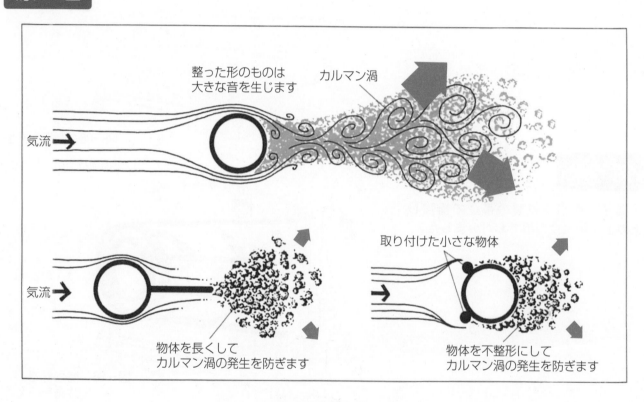

図−68　風切音発生の仕組みと防ぎ方

事 例

ある速度で風が吹いており，工場の煙突の周囲から大きな音が出て，これが騒音源となっています。

対 策

　煙突に細長い金属板をらせん状に巻き付けました。らせんのピッチは一定にしてはいけません。風はどの方向から吹いても，不整形な物体にぶつかることになります。

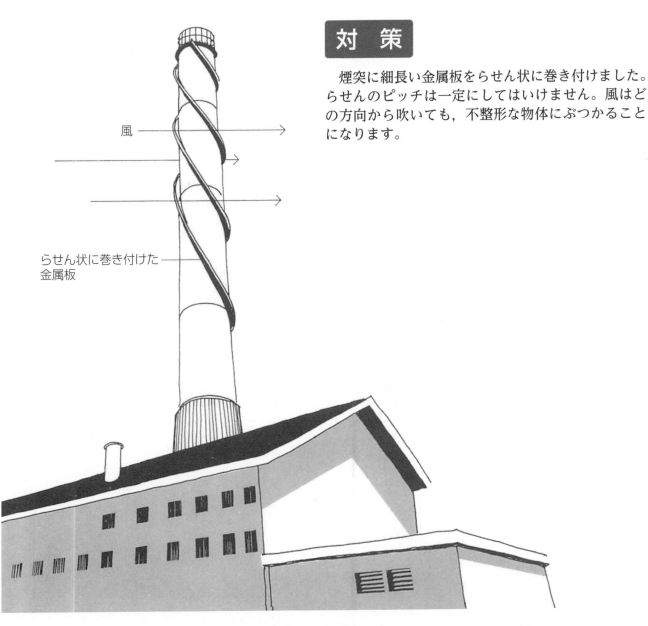

風

らせん状に巻き付けた
金属板

図－69　煙突の風切音対策例

空洞の開口部には，なるべく気流を当てないようにします。

　気流が中空状の物体の開口部を横切るとき，大きな純音が発生します。フルートが音を出すのと同じ原理です。空洞が大きいほど，また，開口部の数が少ないほど，発生する音の周波数は低くなります。

原　理

中が空洞に
なったキー

空のビン

図−70　空洞の共鳴

事　例

　回転刃が空回りするとき，刃を取り付けた溝から音が発生します。空気の流れが断続的に変わるため，サイレン音（純音）が出るのです。

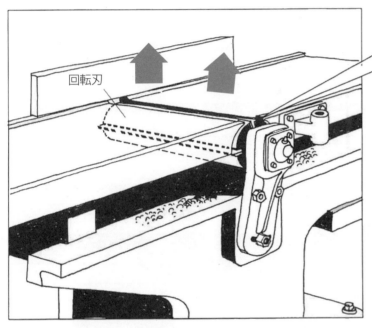

図－71

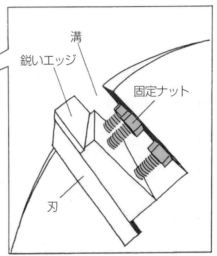

図－72　回転刃の断面図

対　策

　刃を取り付けた溝にゴム板をつめて，すきまを小さくしました。空気の出入りが少なくなり，騒音の発生が減少しました。

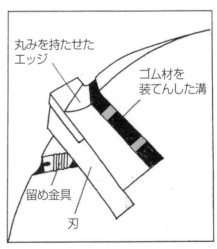

図－73　改良型回転刃

内壁がなめらかなダクトは，気流の乱れによる騒音の発生を抑えます。

　ダクトやパイプの中を空気が流れるとき，多少の空気の乱れが壁面で生じます。このような乱れから発生する騒音は，気流の方向が急に変わる場合や，流れの速度が速い場合，そして流れに対する障害物がたがいに近接している場合などに，大きくなります。

原　理

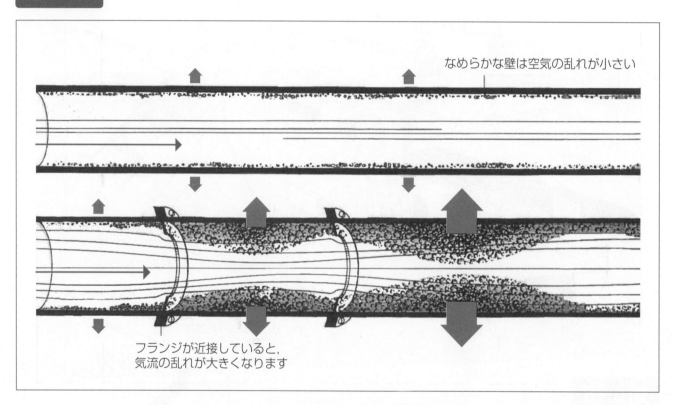

なめらかな壁は空気の乱れが小さい

フランジが近接していると，
気流の乱れが大きくなります

図－74　ダクトの内壁による騒音発生の仕組み

事　例

　蒸気パイプの分岐にバルブが3つあり，そこから大きな甲高い音が出ています。また，その部分には曲がりの急なところが2ヵ所あり，そこからも大きな騒音が出ています。

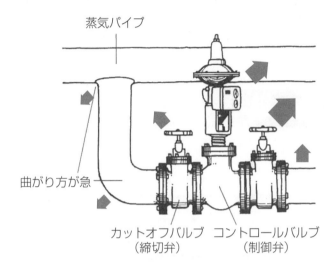

図－75　曲がりが急なパイプ

対　策

　曲がりをゆるやかにした新しい分岐を作りました。バルブとバルブのあいだに連結管を付けると，最初のバルブで生じた乱れは，次のバルブに到達するまでに小さくなるか，消えてしまいます。

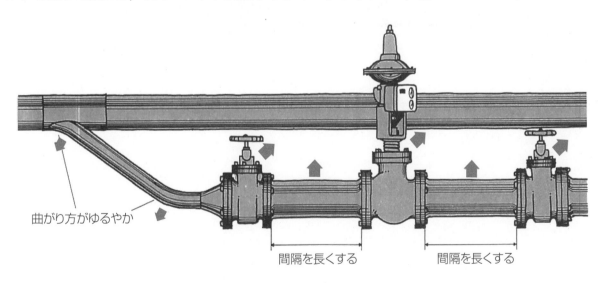

図－76　曲がりをゆるやかに連絡管を付けた

排出口での騒音は，気流に乱れのない場合に，最も小さくなります。

　静止気体と混合する手前，特に排出口の手前で気流に乱れが生じると，騒音が発生します。排出速度が遅ければ発生する音は小さくなります。その速度が100m/秒以下の場合，速度が半減すると騒音レベルは約15dB小さくなります。

原　理

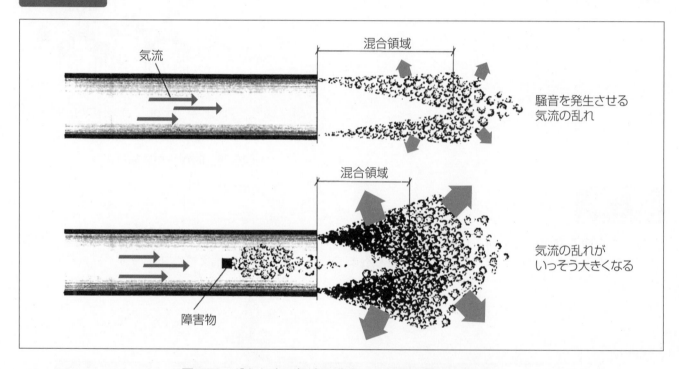

図-77　ダクト内の気流の乱れによる騒音発生の仕組み

事 例

　圧搾空気式のグラインダーの吹き出しエアが，大きな騒音を出しています。グラインダー本体から出てきた気流が，サイドハンドルを通過するときに乱されています。

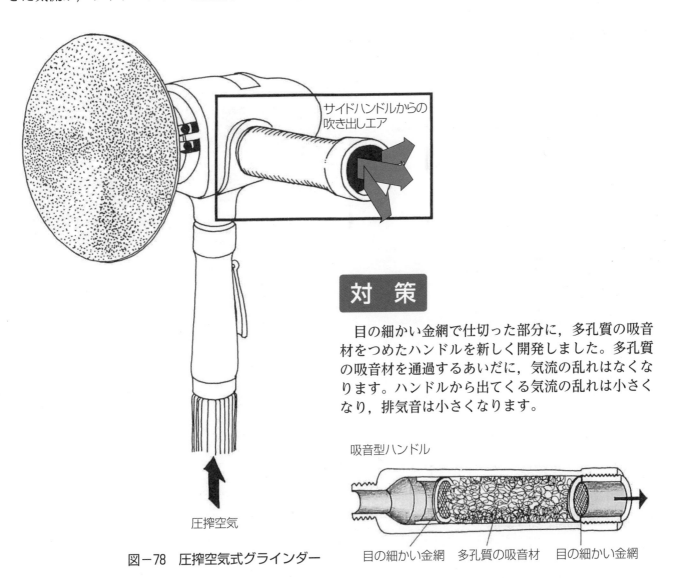

サイドハンドルからの
吹き出しエア

圧搾空気

図−78　圧搾空気式グラインダー

対 策

　目の細かい金網で仕切った部分に，多孔質の吸音材をつめたハンドルを新しく開発しました。多孔質の吸音材を通過するあいだに，気流の乱れはなくなります。ハンドルから出てくる気流の乱れは小さくなり，排気音は小さくなります。

吸音型ハンドル

目の細かい金網　　多孔質の吸音材　　目の細かい金網

図−79　ダクトの騒音対策例

噴出音は，ジェット気流のまわりに気流を付け加えることによって減少します。

　「ジェット気流」という言葉は，気流速度が 100m/ 秒を超える場合に用いられます。噴出口での気流の乱れは強烈です。速度を半減することで，騒音レベルは 20dB も減少します。騒音レベルの大きさは，ジェット気流と周囲の気流の相対速度で決まるため，ジェット気流の外側に速度の遅い気流を加えることによって，騒音は著しく減少します。

原　理

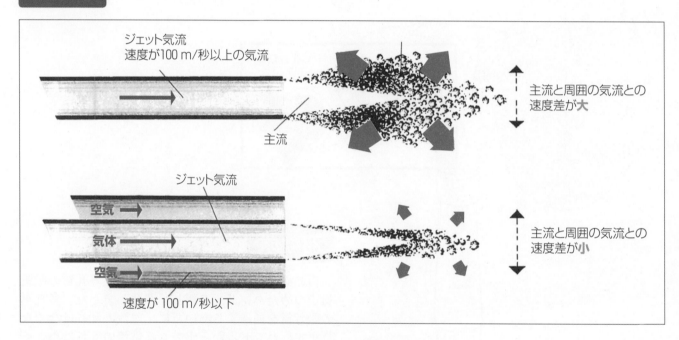

図−80　ジェット気流の騒音発生の仕組み

事 例

　加工後の機械部品の洗浄は，しばしば単純な管状構造の口金から圧搾空気を噴出させて行います。非常に速い噴出速度を必要とするため，周波数の高い，大きな騒音が生じます。

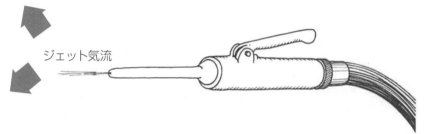

ジェット気流

図－81　単純な管状構造をした口金

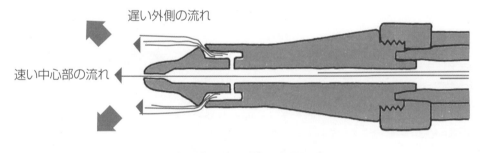

遅い外側の流れ

速い中心部の流れ

図－82　噴き出しを二重にする口金

対 策

　単純な管状構造をした口金に代えて，空気の流れが二重になるものにすると，騒音は小さくなりました。このような口金の場合，圧搾空気の一部が，主流の外側を低速で流れます。

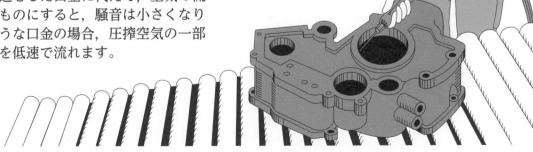

図－83　圧搾空気を用いた洗浄

周波数の低い噴出音は，周波数が高くなるようにすると，減衰させやすくなります。

気体の噴出口の直径が大きいと，低い周波数にピークを持つ騒音が出ます。直径を小さくすると，高い周波数にピークを持つようになるので，噴出口の数を増やして，それぞれの口径を小さくすれば，周波数の低い騒音を減少させることができます。その結果，周波数の高い騒音は若干増えますが，コントロールはしやすくなります。

原　理

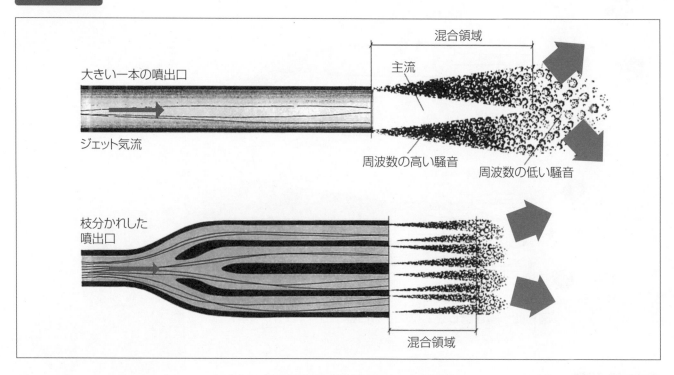

図−84　噴出音の周波数を高くする仕組み

事 例

　蒸気安全弁は一日に何度も開放されます。蒸気が排出されるあいだ，周波数の低い，大きな騒音が出ます。

対 策

　穴をあけた円すい状の拡散板を作りました。それらの穴は，たくさんの小さなジェット気流を発生し，周波数の高い騒音を生じますが，その騒音は下流の吸音材で吸収します。

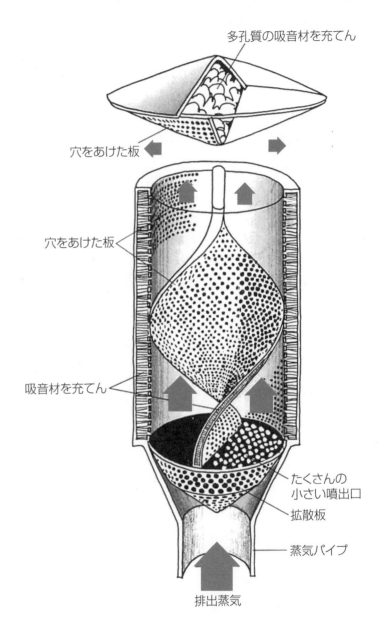

多孔質の吸音材を充てん

穴をあけた板

穴をあけた板

吸音材を充てん

たくさんの
小さい噴出口

拡散板

蒸気パイプ

排出蒸気

図－85　蒸気安全弁の対策

気流が乱れているところにファンをおけば，騒音は大きくなります。

　ファンは気流を乱すため，騒音の原因となります。ファンに入ってくる気流がすでに乱れている場合，その音はさらに大きくなるでしょう。同じことは，例えば水中のプロペラについても当てはまります。

原　理

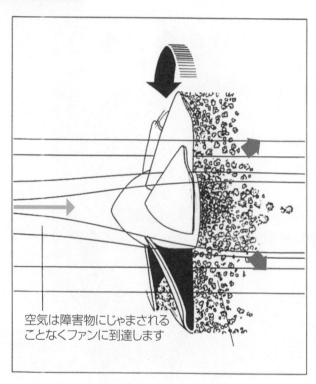

空気は障害物にじゃまされる
ことなくファンに到達します

図－86　ファンの騒音

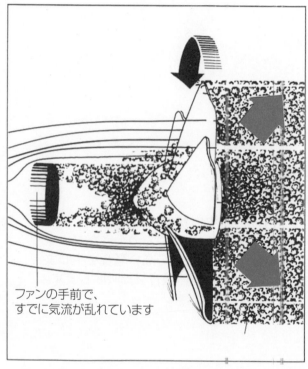

ファンの手前で，
すでに気流が乱れています

図－87　気流を乱すとファンの騒音が大きくなる

事　例

　1つは，障害物の近くにファンが設置されている例で，もう1つは，直角に曲がったコーナーの近くにファンが設置されている例です。気流は乱され，噴出口での騒音は強烈です。

対　策

　気流の乱れが治まるのに必要な時間ができるように，制御板をファンから遠ざけました。もう1つの例では，曲がり方をゆるやかにするとともに，ファンをその曲がり角から遠ざけました。誘導板を設置するのもよいでしょう。

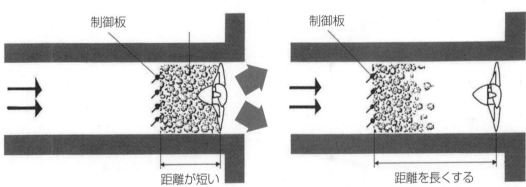

図－88　制御板との距離が短い　　　　　　図－89　制御板との距離が長い

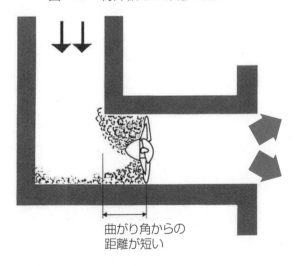

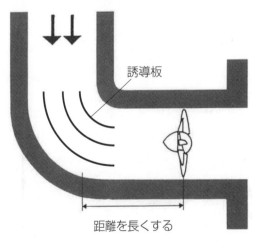

図－90　曲がり角からの距離が短い　　　　図－91　曲がり角からの距離が長い

圧力が急激に変化すると，大きな騒音が出ます。

　流体系で，圧力が急激に低下するようなところでは，乱れが生じます。気体が気泡となって分離し，うなるような騒音を発生します。圧力の低下は，容積が急激に大きくなると起こります。容積の変化をゆるやかにすることによって，騒音は抑制されます。

原　理

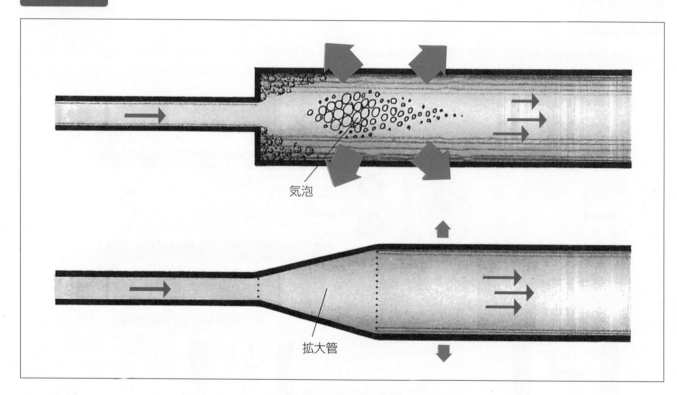

気泡

拡大管

図－92　導管内の騒音発生の仕組み

事　例

　液体系にあるコントロールバルブ（制御弁）の弁座が小さいと，圧力が大きく変化し，流速も速くなります。曲がりくねった流路と鋭いエッジで，強い乱流が発生します。音は，バルブとパイプから直接放射されるとともに，固体伝播音として壁にも伝わります。

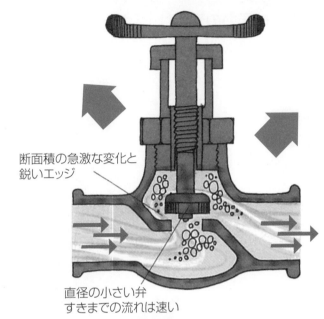

断面積の急激な変化と鋭いエッジ

直径の小さい弁
すきまでの流れは速い

図－93　従来型のコントロールバルブ

対　策

　直径の大きい円すい状の弁を用い，流路をなめらかにし，そしてエッジに丸みを付けました。

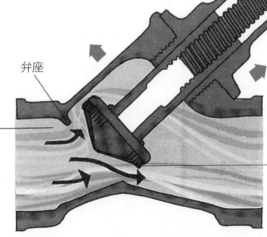

弁座

断面積のゆるやかな変化

弁の直径が大きく，
すきまでの流れは遅い

図－94　静音型のコントロールバルブ

急激で大きな圧力の変化は,「キャビテーション」による音を発生します。

　　コントロールバルブ（制御弁），ポンプのピストン，あるいはプロペラでは，液体の圧力が急激に大きく減少すると，騒音が発生します。このいわゆる「キャビテーション」による騒音は，油圧系で最もよくみられる騒音です。キャビテーションは，段階的に減圧することによって，減らすことができます。

原　理

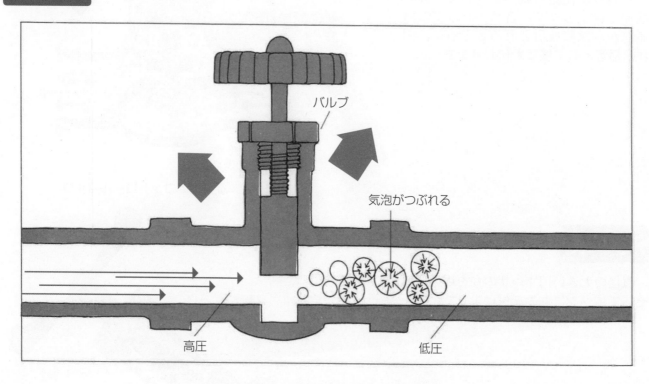

図－95　キャビテーションによる騒音発生

事 例

　油圧系では，例外的な場合をのぞき，ポンプの能力を最大限に使うことはありません。通常，コントロールバルブ（制御弁）によって圧力を大きく下げています。そのためキャビテーションが起こり，バルブから大きな騒音が発生します。その騒音は，固体伝播音として，連結されている機械や建物に伝わります。

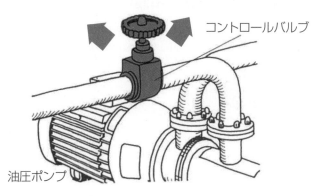

図－96　キャビテーションによる騒音が発生

対 策

　コントロールバルブのあるパイプに，圧力調整器具を挿入しました。その器具には，穴の径が違う，取替え可能な金属板が入っています。キャビテーションの原因となる圧力低下を起こさないような金属板を選びます。

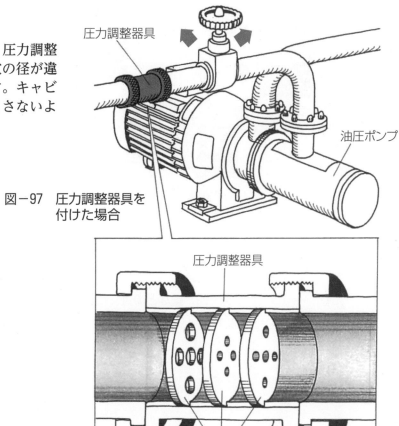

図－97　圧力調整器具を
　　　　付けた場合

図－98　圧力調整器具挿入による対策

音源をコーナー近くに置いてはいけません。

　音源からの距離が同じなら，反射面が音源に近いほど，騒音は大きくなります。3面に接するコーナーに音源を置くのが最悪で，どの面からも離れたところに置くのが最良です。

原　理

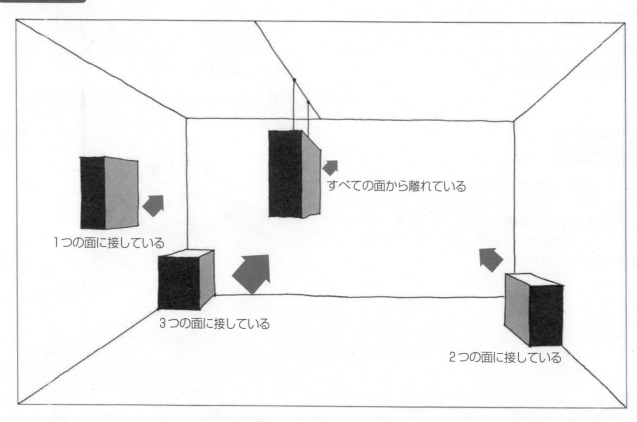

1つの面に接している

すべての面から離れている

3つの面に接している

2つの面に接している

図−99　壁などの近くに音源があると騒音が大きくなる

事 例

　機械が4列に並べられています。通路が各列のあいだに1本ずつ，計3本あります。このような配置では，両端の2列の機械からの騒音が大きくなります。

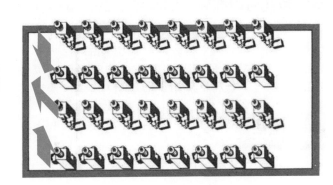

図-100　壁ぎわの機械の騒音が大きくなる

対 策

機械2台を合わせ，壁から離して置き，壁側に通路を新しく作りました。

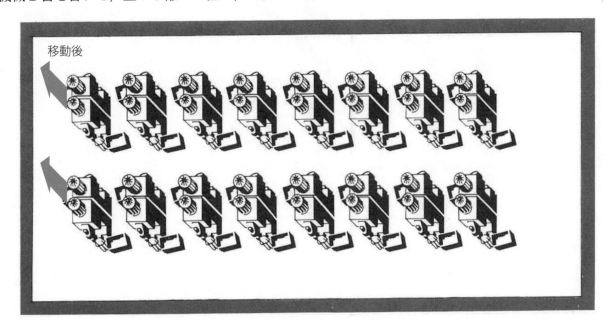

図-101　対策例

厚い多孔質の層は，周波数の高い音も低い音も吸収します。

　多孔質の材料は，しばしばすぐれた吸音性を示します。例えば，フェルト，発泡ゴムや発泡プラスチック，紡織繊維，種々の金属やセラミックの焼結品などがそうです。穴がふさがると吸音性は低下します。薄手の多孔質吸音材は周波数の高い音が対象です。100Hz 以下の音に対する効果を得ようとすると，吸音材は非常に厚くなってしまいます。低周波数領域での吸音効果は，吸音材の後方にすきまを設けることで改善されます。

原　理

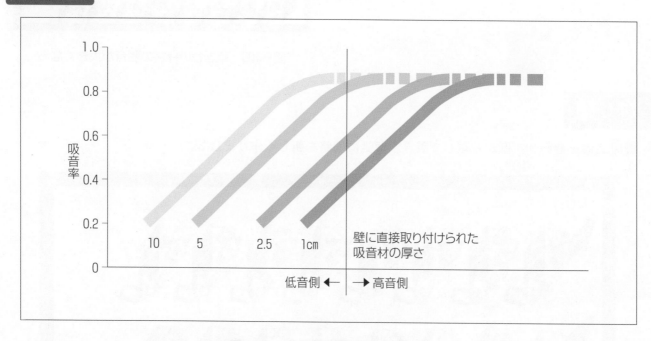

図―102　多孔質の吸音材の吸音率

事　例

　周波数の低い，大きな騒音を発生する工場に，低音に対して効果のある吸音材が取り付けられています。建物の一部分には，低周波数領域での吸音性がよく，設置が容易な吸音バッフルが吊り下げられています。残りの部分には，クレーンがあるため，バッフルを吊り下げる空間がありません。その代わり水平吸音パネルが，クレーンの上，天井から20cm下のところに，低周波数領域での吸音性を上げるために取り付けられています。

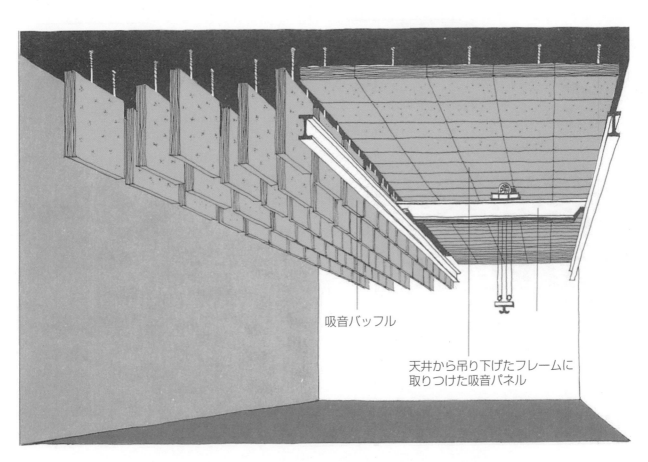

吸音バッフル

天井から吊り下げたフレームに
取りつけた吸音パネル

図−103　クレーンなどのある工場における吸音材使用例

開口率の大きい表面被覆材は，吸音材の吸音効果を低下させることなく使用できます。

　種々の理由から，多孔質吸音材の表面を被覆材で保護する必要があります。その場合でも，被覆材に十分な数の穴があいていれば,吸音材の効果を保つことができます。被覆材が厚いほど,穴の数を多くすることが必要です。

原　理

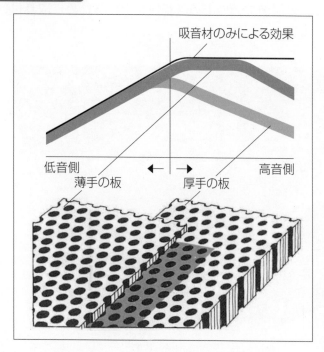

図－104　小さい穴を密にあけた場合

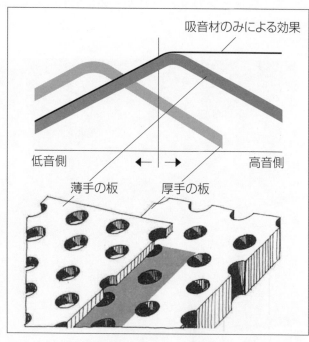

図－105　大きい穴をまばらにあけた場合

事例

　吸音材は，建物内の壁や天井によく用います。内装を魅力的にするためには，さまざまな外見の吸音材を使うようにします。

対策

　一種類の材料でも厚みを変えれば，全壁面に使うことができます。表面被覆材の種類を変えると，見た目にもよくなるでしょう。

吸音材

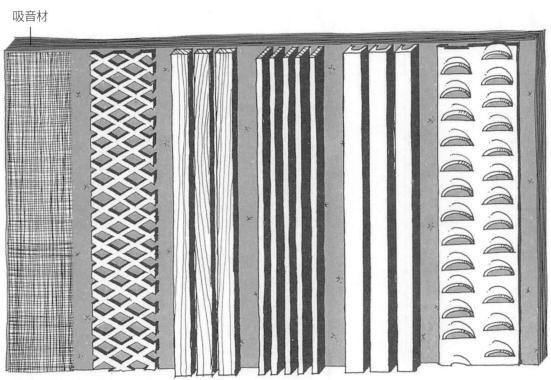

薄手の織物　　エキスパンドメタル（網状の鋼版）　　平たいリブ　　とがったリブ　　Ｕ字型リブ　　ギルプレート（えら状の穴あき板）

図－106　いろいろな表面被覆材

間柱に取り付けたパネルは，周波数の低い音を吸収します。

　間柱に取り付けられた薄いパネルは，周波数の低い音を吸収します。吸音はある狭い周波数領域で効果があります。この周波数領域は，パネルの剛性と間柱の間隔によって決定されます。パネルを壁の間柱に取り付けた場合には，壁とパネルとの間の距離も関係します。内部減衰の大きいパネルを使用すれば，吸音効果のある周波数領域を広げることができます。多孔質の吸音材の場合，このような低周波数領域で効果を上げようとすると，非常に厚くなります。

原　理

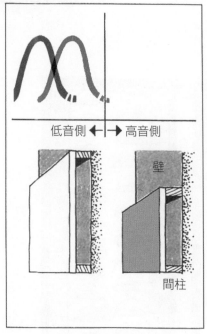

図－107
取り付け間隔の効果

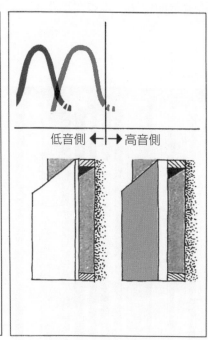

図－108
パネルの厚さの効果

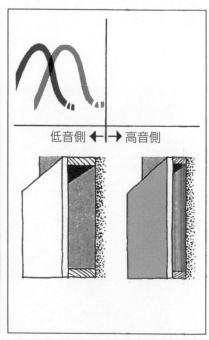

図－109
壁からの距離の効果

事 例

エンジンルーム内で周波数の低い音が共鳴し，壁の近くと部屋の中央でブンブンという非常に大きい音がしています。回転スピードを大きく変えれば，ブンブンという共鳴音は完全に消えてしまいます。

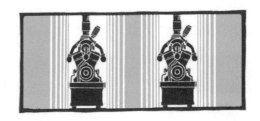

図-110　エンジンルーム内の共鳴

対 策

音のエネルギーが最も大きい周波数領域での吸音効果が最大になるように，壁に間柱を取り付け，パネルを張りめぐらせました。平常の回転スピードから少しずれた場合でも，吸音効果が低下しないように，より広い周波数領域で高い吸音性を持つ，内部減衰のよいパネルを使用しました。この結果，共鳴が起こらなくなり，大きいブンブンという騒音はなくなりました。

吸音性の壁

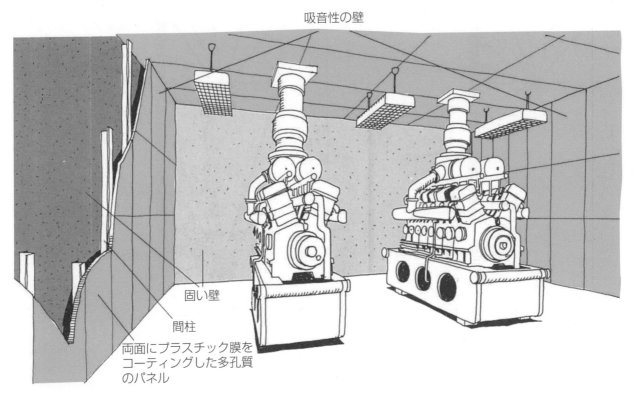

固い壁

間柱

両面にプラスチック膜をコーティングした多孔質のパネル

図-111　吸音材を使って対策

障壁は，吸音性の天井と組み合わせるのがよいでしょう。

　周波数の高い騒音は，障壁を使用すれば，減衰させることができます。障壁は背が高いほど，また音源に近いほど効果的です。天井が吸音性でない場合は，障壁の効果は大幅に低下します。

原　理

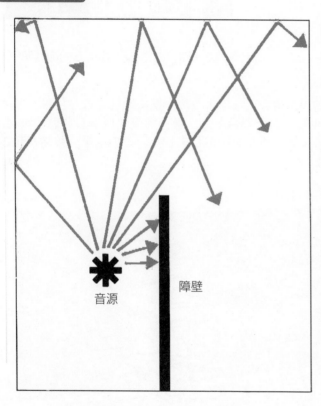

図−112　障壁による音の減衰

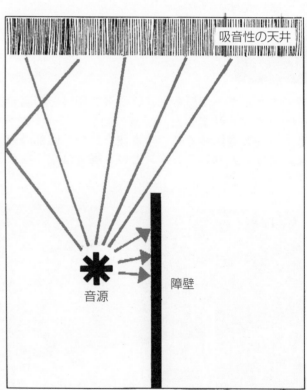

図−113　吸音性の天井を併用して効果を高める

事　例

　複数の組立ラインを持つ自動車工場で，1つのラインの作業が他のラインに比べ大きい騒音を発生しています。車体の研磨作業が周波数の高い金切り音を発生させ，工場内の全作業者に不快感を与えています。

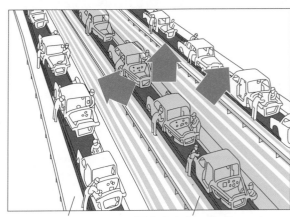

騒音の小さいライン　　　騒音の大きいライン

図−114　組立ラインの騒音

対　策

　研磨ラインの両側に障壁を設置し，頭上には吸音バッフルを吊り下げて，他のラインを研磨音から保護しました。

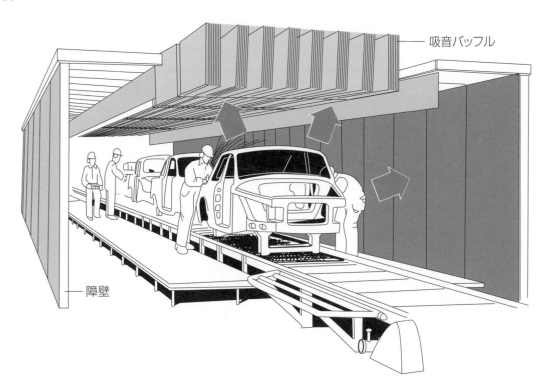

吸音バッフル

障壁

図−115　障壁による研磨ラインの騒音対策例

ダクト内での音の動き―空洞形消音器

ダクトの変化は，音の伝達を減らします。

　伝播経路内で何らかの変化があれば，伝わる音のエネルギーの一部分は後方に反射します。ダクトでは，断面積や形状，そして材質の変化，ならびにベントやブランチがこれに当たります。

原　理

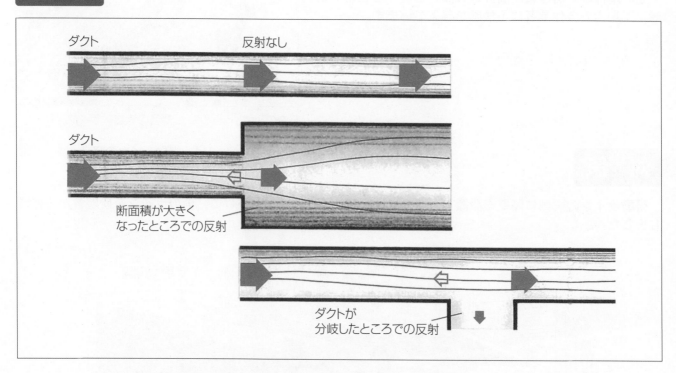

図－116　ダクトの断面積や形状変化による音の反射

事 例

　ある場所に換気装置が設置されることになっています。送風機のためのスペースは十分ありますが，消音器を付けようとしてもスペースがありません。

対 策

　部屋への吹出し口を1つにしないで，より小さい数個の吹出し口に分けました。大きさの変化した部分と各ベントで起こる音の反射が，消音器の役割を果たします。

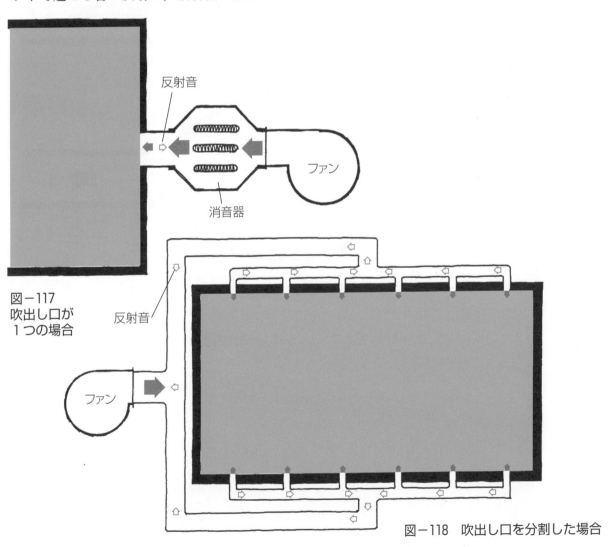

反射音

ファン

消音器

図－117
吹出し口が
1つの場合

反射音

ファン

図－118　吹出し口を分割した場合

拡大チェンバーは，周波数の低い騒音を下げるのに有効です。

　もしダクトに広がった部分か，あるいはチェンバーがあれば，ダクト内の低い周波数の圧力変動が減衰します。減衰させる必要のある周波数が低いほど，チェンバーの容積を大きくしなければなりません。

原　理

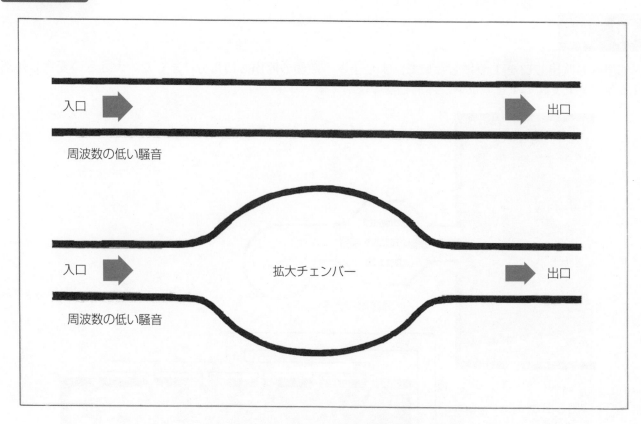

図－119　拡大チェンバーによる低周波騒音の減衰

事　例

　胴体をプラスチック製のカバーでおおい，カバーに管状の吹出し口を付ければ，ジャックハンマー（手持ち式さく岩機）から出る周波数の高い騒音は，一部，しゃ断されます。吹出しエアの持つ周波数の低い騒音は，効率的に下げられます。胴体とカバーのあいだの広がった空間が，拡大チェンバーとして働くからです。

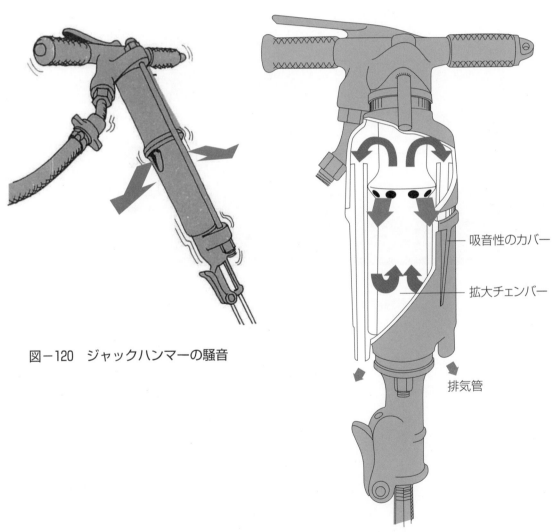

図－120　ジャックハンマーの騒音

吸音性のカバー

拡大チェンバー

排気管

図－121　対策例

空洞形（反射形）消音器は，狭い周波数領域で効果があります。

　周波数領域が限定された騒音であれば，空洞形消音器は非常に小さくてすむかもしれません。一般に，これらは周波数の低い場合に使用されます。空洞形チェンバーを数個連結すれば，広い周波数領域にも適用できます。穴あき管も空洞形（反射形）消音器として使われます。

原　理

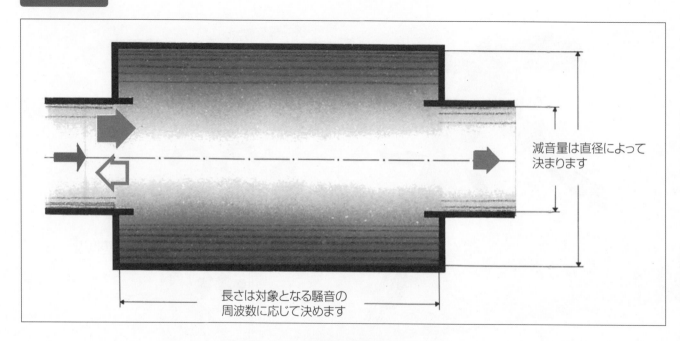

減音量は直径によって
決まります

長さは対象となる騒音の
周波数に応じて決めます

図−122　空洞形消音器の設計原理

事 例

ここで示した消音器は，主に，大きなピストンエンジンに使われています。

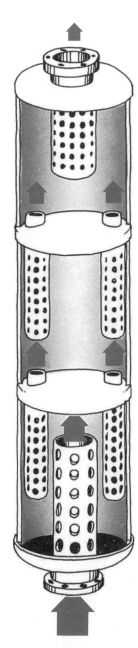

図－123　3段式の空洞形消音器

充てん形（吸音形）消音器は，広い周波数領域にわたって効果があります。

　吸音形消音器の最も単純なタイプは，ダクトの内壁に吸音材を取り付けたものです。吸音材が厚いほど，減衰可能な周波数領域は低くなります。周波数の高い音を吸収するためには，吸音壁間のスペースを狭くしなければなりません。したがって，断面の大きいダクトは，多数のより狭いスペースに細分割することになります。

原　理

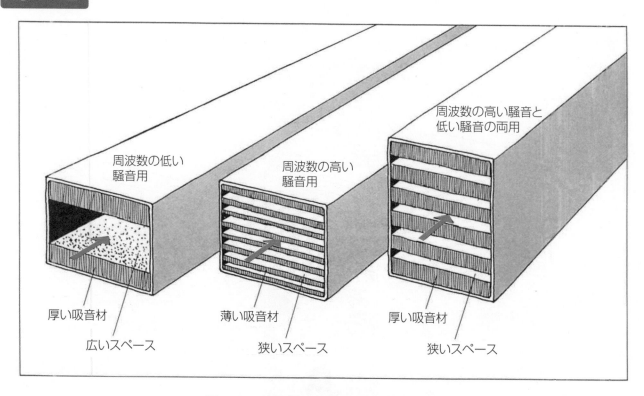

図－124　吸音形消音器と騒音の設計原理

事 例

　非常に広い周波数領域で騒音を下げなければならない場合，一般に，薄いバッフルと厚いバッフルを備えた吸音形消音器を使うことが必要です。

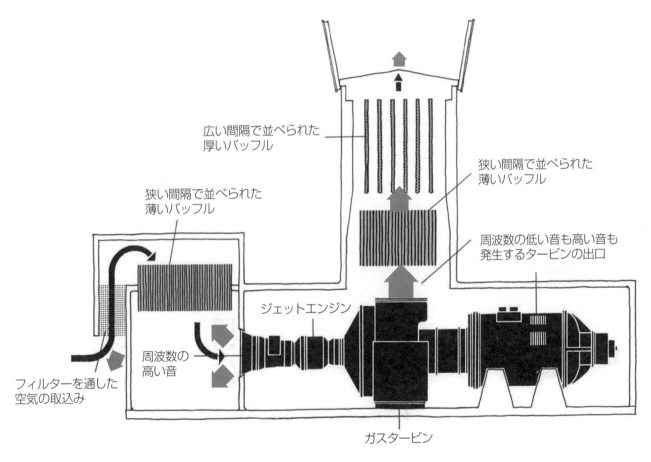

図－125　広い周波数領域の騒音対策

余分なスペースは，吸音チェンバーにできます。

　吸音チェンバーは単純な消音器です。ダクトの途中に吸音材を張った内壁を持つチェンバーを作ります。音は吸音チェンバーの壁で反射し，音響エネルギーが吸収されます。周波数の高い音の直進，つまり直達音を防ぐため，入口と出口は相対する位置に設けてはいけません。吸音チェンバーの容量が大きくなるほど，そして使用する吸音材が厚くなるほど，吸音効果のある周波数は低くなります。

原　理

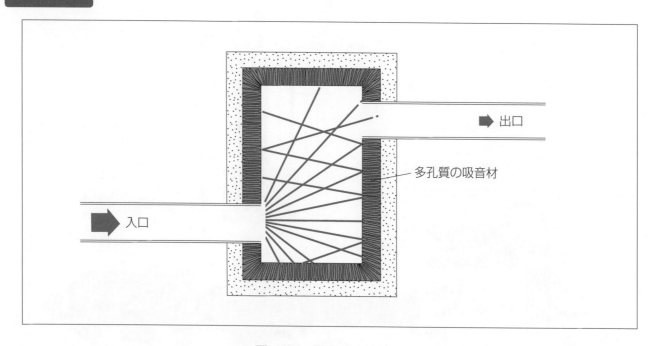

図－126　吸音チェンバー

事 例

　吸音チェンバーの形はそれほど重要ではありません。余分なスペースは，簡単に吸音チェンバーとして利用できます。

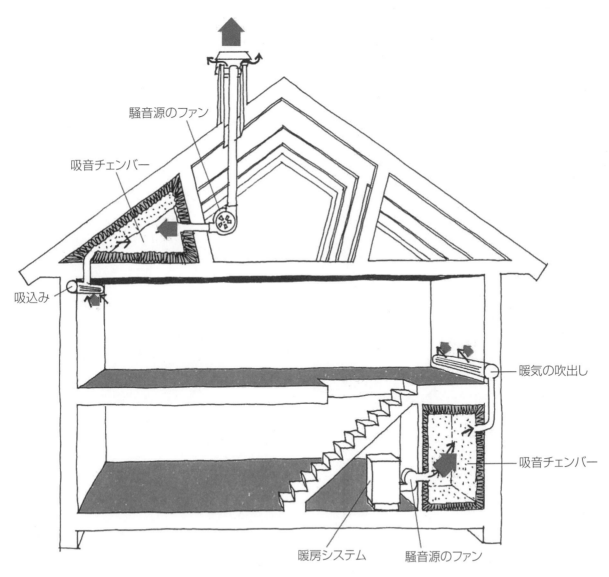

図－127　余分なスペースを吸音チェンバーに利用

振動する機械は，重くて頑丈な基盤の上に取り付けなければなりません。

　厚い壁よりも，薄いドアをノックする場合のほうが大きな音がします。同じ理由から，振動する機械は重くて，頑丈な基盤に取り付けなければなりません。

原　理

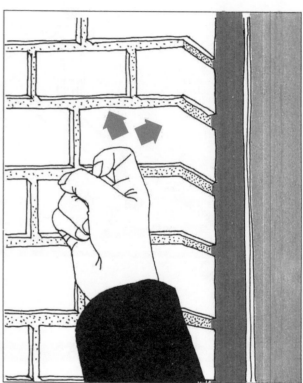

図－128　素材の重量によって，異なるノックの音

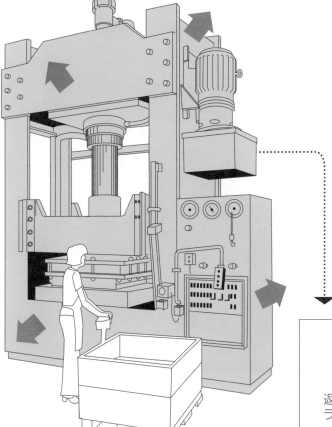

図－129
オイルポンプの騒音

事　例

　モーター駆動のオイルポンプが，油圧プレスの側壁に取り付けられています。その振動はすべての面に伝わり，その結果，固体伝播音となって，空気中に大きな音を出しています。

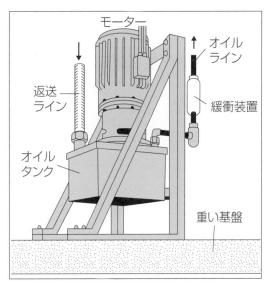

図－130
オイルシステムの分離と重い基盤

対　策

　オイルシステムをプレスから離し，フレームに取り付けて，重い基盤上に設置しました。オイルライン内の音の伝播は，緩衝装置によりコントロールされます。

G2 振動する機械から発生する音—機械取付け

振動する機械は，絶縁しなければなりません。

　機械振動をしゃ断すれば，図のように騒音のひどい場所を少なくすることができます。機械か，作業場のいずれを絶縁してもかまいません。

原　理

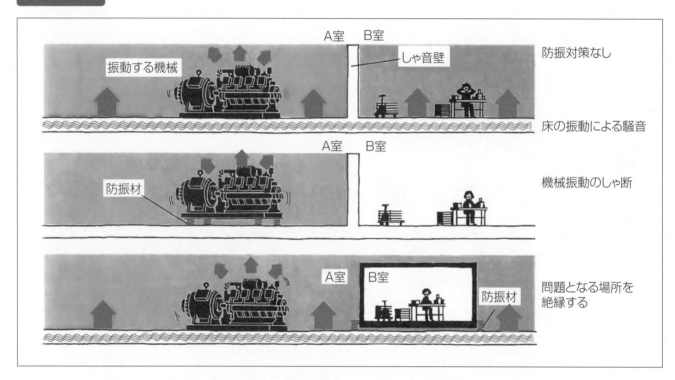

図−131　機械振動のしゃ断による防音

事　例

防振材はさまざまな材質から作られ，形式もさまざまです。

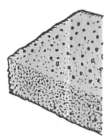

図－132
発泡剤（ゴムまたは
プラスチック製）

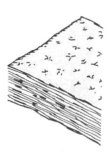

図－133
ミネラルウール

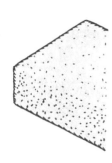

図－134
空隙のある材料（ゴム
またはプラスチック製）

図－135
密度の高いゴム
やプラスチック

図－136
コルク

やわらかいバネ ◀━━•━━▶ 硬いバネ

図－137
水平型ワイヤコイル

図－138
コイルバネ
（長くて，細かいワイヤ）

図－139
コイルバネ
（短くて，太いワイヤ）

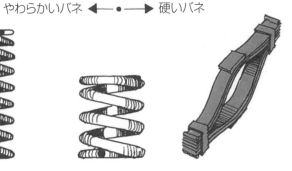

図－140
重ね板バネ

図－141
皿バネ

スプリングは適切なものを選ばないと，かえって振動を大きくすることになります。

　スプリング上に取り付けられた機械は，いわゆる固有振動数を持っています。固有振動数付近では，機械の振動は非常に大きくなり，機械がその取付け部分からはずれることさえあります。固有振動数より低い周波数領域の振動はしゃ断できません。もし基盤が非常に重くて堅固であれば，固有振動数は機械と台座の重さ，およびスプリングの硬さによって決定されます。機械が軽いほど，またスプリングが硬いほど，固有振動数は高くなります。内部減衰の大きいスプリングだと，こういった振動の増強は起こりません。

原　理

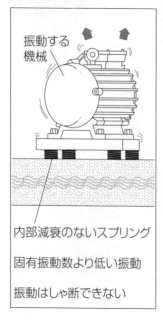

内部減衰のないスプリング

固有振動数より低い振動

振動はしゃ断できない

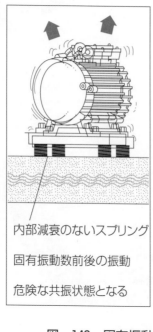

内部減衰のないスプリング

固有振動数前後の振動

危険な共振状態となる

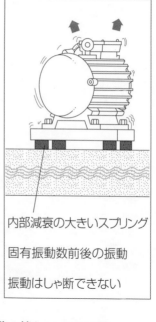

内部減衰の大きいスプリング

固有振動数前後の振動

振動はしゃ断できない

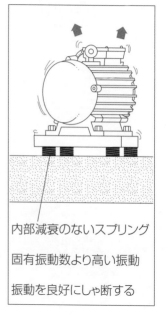

内部減衰のないスプリング

固有振動数より高い振動

振動を良好にしゃ断する

図—142　固有振動数の等しい4つの例

事 例

　建物内で２つのファンが使用されています。どちらのファンも内部減衰の非常に小さなスチール製のスプリングで絶縁されています。定常状態で稼働しているあいだは，２つのファンの防振はうまく動きます。ところが片方のファンはひんぱんに動かしたり，止めたりします。このとき，ファンの振動は短時間ながら固有振動数と一致するため，深刻な問題を起こしています。

対 策

　不規則に作動させるファンには，スチール製のスプリングに代えて，内部減衰の大きいパッドを取り付けました。防振はいくぶん悪くなりますが，始動時と停止時の動揺はなくなりました。

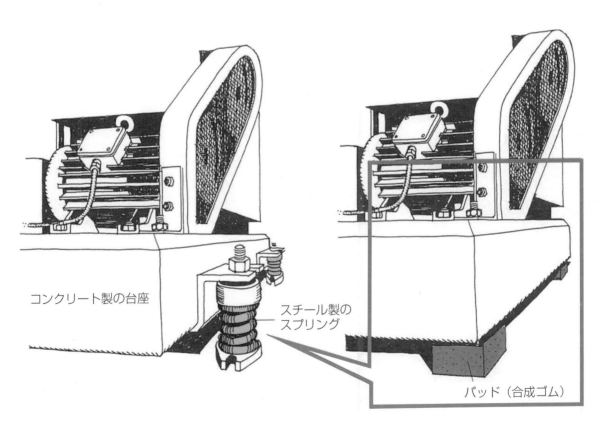

コンクリート製の台座

スチール製の
スプリング

パッド（合成ゴム）

図－143　ファンの振動による騒音　　　　　図－144　内部減衰の大きいパッドに変える

振動数の低い機械の防振には，床を堅固にするとよいでしょう。

　機械が低い振動数で振動している場合，床が非常に堅固でなければ，防振は難しいでしょう。場合によっては，図のように十分に重い（堅固な）床，あるいは積層強化された床が必要となります。

原　理

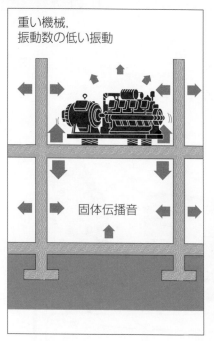

重い機械,
振動数の低い振動

固体伝播音

非常に厚くした梁

スプリングの下の
支持くい

図－145　機械の据付基盤は堅固にする

事 例

　ある会社が新築する建物では，振動と騒音をしゃ断することが求められています。機械を取り除いたり，入れ替えたりできるようにもしなければなりません。

対 策

　建物は柱と梁を組み合わせた上に大きなコンクリート床板を置く構造にしました。重い機械を乗せることが予想されるコンクリート床板は，強化したものを使用しています。後日，重い機械を設置する場合には，通常より厚いコンクリート床板と交換します。

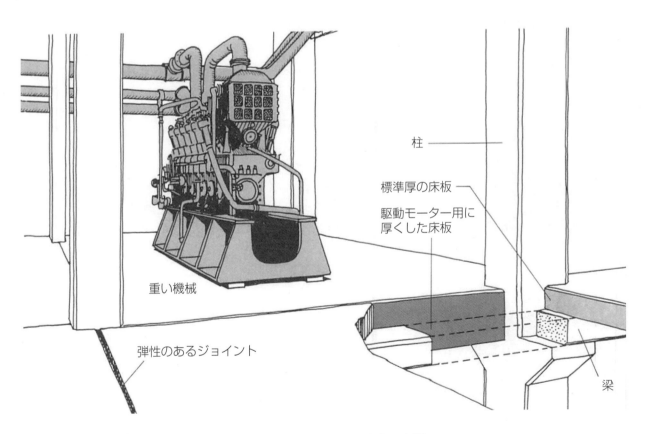

柱

標準厚の床板

駆動モーター用に
厚くした床板

重い機械

弾性のあるジョイント

梁

図－146　振動機械を設置する床板

基盤を分離すれば，最も効果的に固体伝播音をしゃ断できます。

　低い固有振動数を持つ非常に重い機械は，地面に直接置いたコンクリート製の基盤に据え付けると効果的に防振できます。ジョイントを入れて，建物の他の部分からその基盤を切り離せば，いっそう効果的にしゃ断できます。地面が粘土層の場合には，くいはその下の地層にまで届くように打たないと効果がありません。

原　理

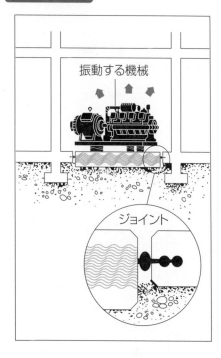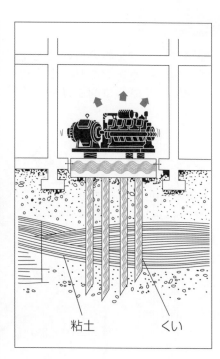

図−147　振動機械の設置床と騒音

事 例

　歯車や差動歯車を持つ駆動モーターが製紙機に連結しており，相当の騒音源と振動源になっています。たまに行うメンテナンスは，普通は，機械を止めて行います。したがって，工場の他の場所に騒音が進入するのを防ぎさえすれば，機械が大きな騒音を出しても問題とはなりません。

対 策

　エンジンルームの床を硬い地面によく密着した厚い基盤にしました。その大きな基盤は，波型ゴムマットで振動源からしゃ断されています。音はレンガの壁にさえぎられて，他の部屋には進入しません。動力軸が通り抜ける壁の穴には，消音器を取り付けました。

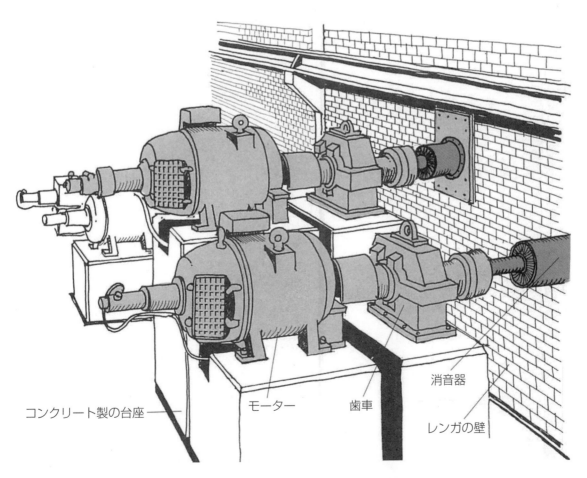

コンクリート製の台座

モーター

歯車

消音器

レンガの壁

図－148　駆動モーターの騒音対策例

固い導管を伝わる音は，しゃ断することができます。

　オイル，電気，水などの導管を通って音が伝わる場合には，機械振動のしゃ断がうまくいかないことがあります。このような導管の一部は，非常にフレキシブルなものにしなければなりません。そして重い基盤を選び，より硬いスプリングを使うと，機械の振動はしゃ断できるでしょう。

原　理

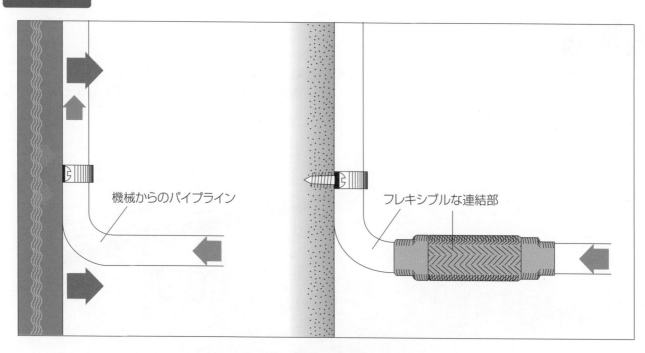

機械からのパイプライン

フレキシブルな連結部

図－149　導管の音の伝播を防ぐ

事 例

　コンプレッサーから送り出される液体内で生ずる強い圧力衝撃の結果，冷却システムは重大な騒音源となるおそれがあります。

対 策

　コンプレッサーの振動は，スチール製のスプリングによってしゃ断しました。さらにすべての導管は，その一部をフレキシブルなものにしてあります。

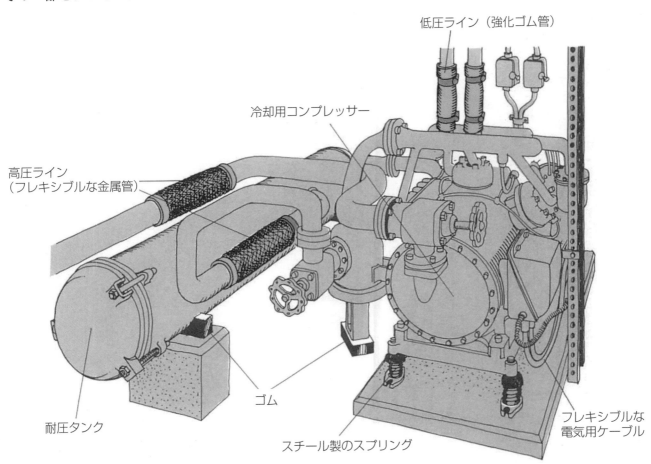

低圧ライン（強化ゴム管）

冷却用コンプレッサー

高圧ライン
（フレキシブルな金属管）

ゴム

耐圧タンク

スチール製のスプリング

フレキシブルな
電気用ケーブル

図－150　冷却システムの騒音対策

壁の透過損失は，面密度によって決まります。

　壁がしゃ音することのできる能力を壁の透過損失と言い，デシベル（dB）で表します。厚さと材質が一様な壁の透過損失は，単位面積当たりの壁の重さ，すなわち面密度（Kg/㎡）から計算することができます。

原　理

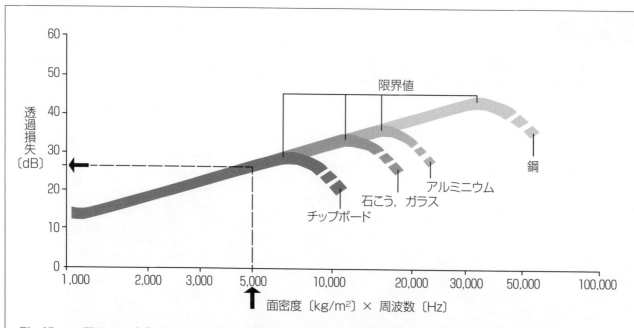

例：15 mm 厚のチップボードパネルによる透過損失は，500Hz でどの程度でしょうか。
　　パネルの面密度は10 kg/m² です。そうすると，10×500＝5,000 となり，図から，透過損失は 26dB となります。

図－151　壁の透過損失と面密度×周波数の関係

事 例

　サンドブラスト作業でひどい騒音が発生しています。その作業は，薄いカーテンで囲った部屋で行われています。

対 策

　この作業のために別の部屋を作りました。サンドブラスト作業場を鉛入りゴムカーテンで囲って，ほかの作業場から隔離しました。この種のカーテンは，重いが柔軟性があります。

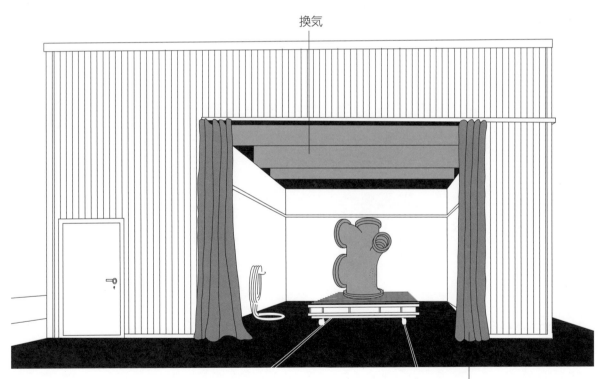

換気

鉛入りゴムカーテン

図－152　サンドブラスト作業場

壁の透過損失は，特定の周波数で下がります。

　壁の透過損失は，「共振周波数」においては，面密度から計算されるよりも低い値を示します。これを「コインシデンス効果」と言い，壁の材質の内部減衰が大きい場合には目立たなくなります。

原　理

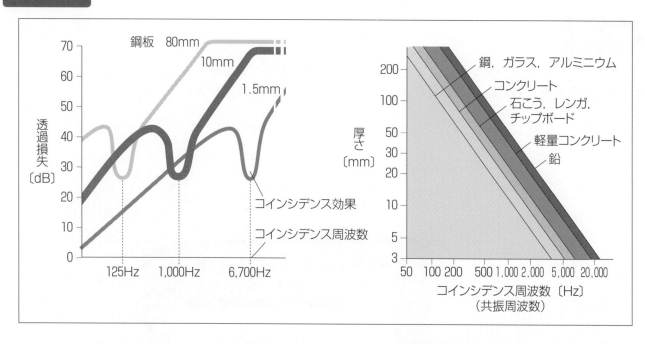

図−153　コインシデンス効果　　　　　図−154　各種材質の厚さとコインシデンス周波数

事例

　長細い建屋の工場内に仕切り壁があり，その向こう側に何台もの機械が設置してあります。機械から1,000Hz付近にピークを持つ強大な音が発生しています。その仕切り壁は，25mm厚のチップボードと6mm厚のガラスで作られていますが，1,000Hzでコインシデンス効果が表れるため，しゃ音がうまくいきません。

対策

　チップボードを9mm厚の石こうボード2枚と交換しました。これでしゃ音量が約10dB改善されました。この石こうボードは，25mm厚のチップボードと比べて，重量はほぼ同じですが，硬さが約4分の1以下であるため，コインシデンス効果が2,500Hzで表れます（機械の設置側の壁面に吸音材を張り付けるのも効果があります）。

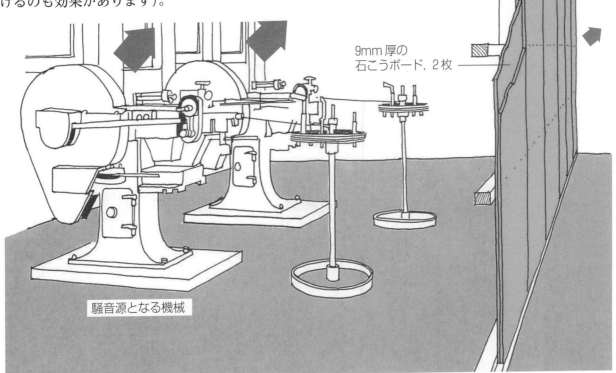

6mm厚のガラス

9mm厚の
石こうボード，2枚

騒音源となる機械

図-155　工場の仕切り壁のコインシデンス効果を防ぐ

厚い壁の透過損失は，壁の硬さと重さによって決定されます。

　約 20cm 厚の壁のコインシデンス効果は，おおむね 100Hz 付近に表れます。これより高い周波数については，壁が重いほど，また硬いほど，透過損失は大きくなります。コンクリート打ちの壁はレンガの壁より硬く，したがって両方の重さが同じなら，透過損失も大きくなるのです。

原　理

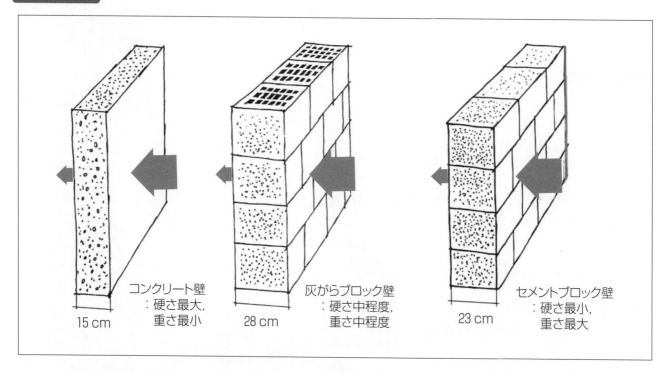

コンクリート壁
：硬さ最大，
重さ最小
15 cm

灰がらブロック壁
：硬さ中程度，
重さ中程度
28 cm

セメントブロック壁
：硬さ最小，
重さ最大
23 cm

図-156　透過損失が等しい 3 種類の壁
低周波数領域で30dB，高周波数領域で60dB，平均55dB

事 例

事業所内の広い，仕切りのない空間に機械が据え付けられており，それが騒音問題を起こしています。

対 策

機械の設置場所をレンガの壁で囲みました。

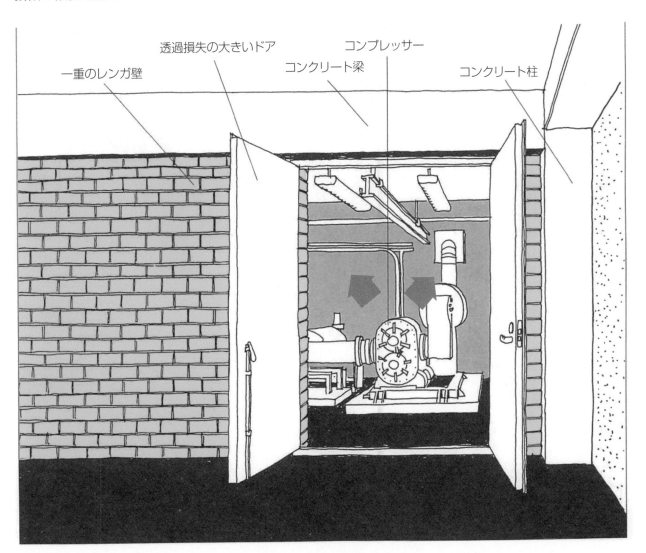

一重のレンガ壁　透過損失の大きいドア　コンプレッサー　コンクリート梁　コンクリート柱

図－157　レンガ壁でしゃ音

軽くても二重壁にすると，透過損失が大きくなります。

　軽い壁を2枚設置してあいだに空気層を作ると，透過損失が改善されます。壁と壁の間隔が15cmくらいまでは，間隔が広がるにつれて透過損失も大きくなります。あいだに吸音材をつめると，間隔が15cm以上になっても透過損失を大きくできます。二重壁の透過損失は，重さが5〜10倍の単壁の透過損失に匹敵します。

原　理

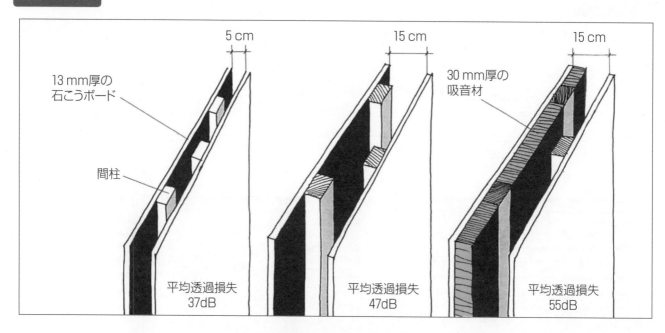

図－158　二重壁の透過損失

事 例

強烈な騒音を出す機械が，薄い壁で隣り合った 2 つの作業場で問題となっています。

対 策

機械を工場内の端のほうに集め，軽い二重壁で隔離しました。それによって60dBの減音が達成されています。静穏を必要とする 2 つの部屋への出入口を作りました。この場合，一方のドアが開いていても，少なくとも35dBの減音効果が保たれています。

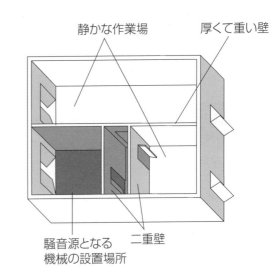

図－159　二重壁で騒音源を隔離

静かな作業場　厚くて重い壁

騒音源となる
機械の設置場所　二重壁

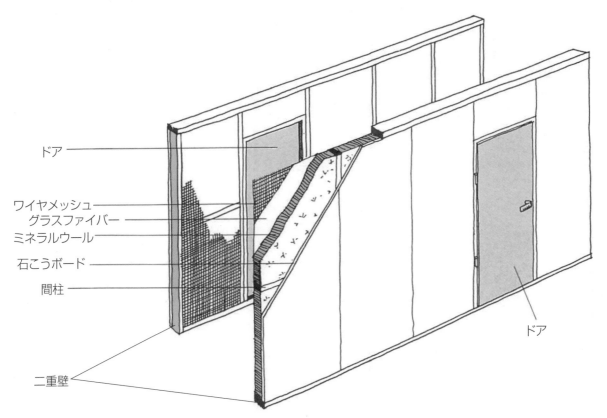

ドア
ワイヤメッシュ
グラスファイバー
ミネラルウール
石こうボード
間柱
二重壁
ドア

図－160　二重壁の例

二重壁を構成する 2 枚の壁の連結は少なくすべきです。

　二重壁の透過損失は，別の重い壁に接続してある場合や，両端が開き継ぎ手になっている場合に，最大になります。2 枚の壁が共通の間柱で結合されている場合には，間柱の間隔が狭いと透過損失は著しく低下します。壁の厚さが厚いほど，間柱の間隔も広げなければ，透過損失は落ちてしまいます。

原　理

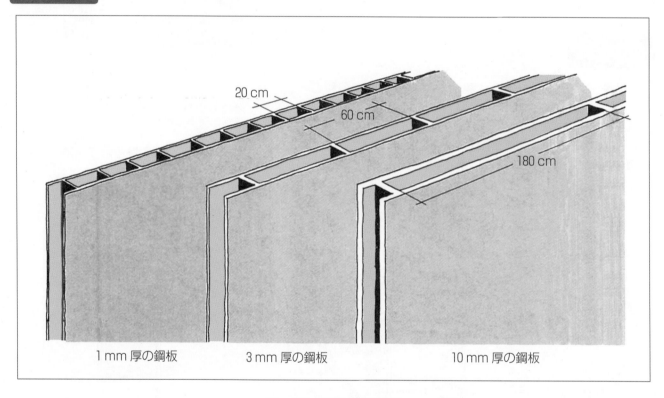

図—161　最小間柱間隔

事例

製紙工場にある機械のコントロールルームがうるさくて，電話で話ができない状態です。

対策

間柱をはさんだ薄いパネルで作った二重壁を用いて，しゃ音性のよい部屋としました。床は浮かせて，工場の振動から絶縁してあります。

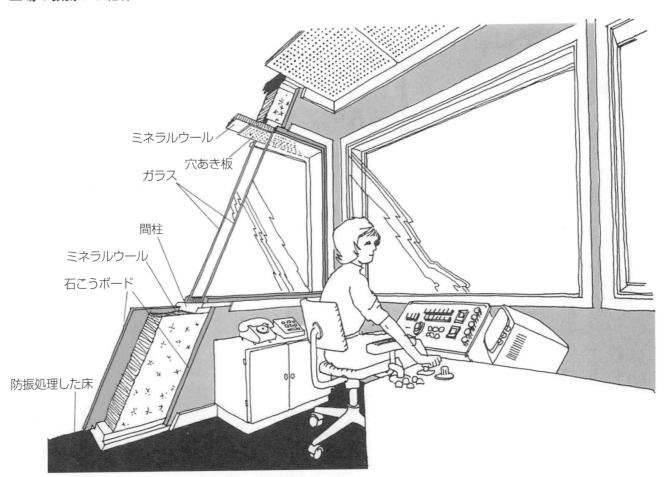

ミネラルウール
穴あき板
ガラス
間柱
ミネラルウール
石こうボード
防振処理した床

図-162　二重壁で防音したコントロールルーム

4. 騒音対策のまとめ

さまざまな作業場で良好な結果を得た騒音対策の実際を紹介しましょう。多くの騒音源は、空気中に直接、音を放射すると同時に、振動面からも音を放射しています。そのため通常、複数の騒音対策をとらなければなりません。

機械や装置の変更

まず、どの機械、あるいは機械のどの部分に対策をほどこすのか、はっきりさせなければなりません。また騒音対策を立案する上で、整備点検のしかたをも考慮しておかねばなりません。次のようなことを試みてみましょう。

- ・機械の部品どうしが衝突するのを避けるか、減らします。
- ・往復運動の方向転換を緩慢にします。
- ・金属部品を、音がしにくいプラスチック部品に取り替えます。
- ・騒音が特に大きな部分は囲い込みます。

設計者は次のような点も心がけるようにすべきです。

- ・速度調節のときに大きな音が生じない動力伝達方式を選びます。例えば、回転速度制御方式のモーターなどがあります。
- ・騒音源となっている機械内部の振動をしゃ断します。
- ・十分な透過損失を持つ、気密性の高い扉を機械に取り付けます。
- ・ジェット気流によって冷却しなくてもよいように、機械に効果的な放熱板を設置します。

現在使用している設備に少し手を加えるだけで、新品と同程度の防音効果をあげることができる場合があります。一般には、次のようなものです。

- ・空気バルブの出口に消音器を取り付けます。
- ・油圧システムのポンプの型式を変更します。
- ・換気システムのファンをより静かなものに取り替えたり、ダクトに消音器を取り付けたりします。
- ・モーターに消音器を取りつけます。
- ・エアーコンプレッサーの空気取り入れ口に消音器を取り付けます。

工場を新設する場合には、より徹底した対策が実施できます。例えば、

- ・静かな電動式モーターや変速機を使用します。
- ・油圧システムは、オイルタンクを分離してあるものや、ポンプ出口に緩衝装置を備えたもの

を採用します。また，パイプラインは流速を低く抑える（最大 5 m/秒まで）ように設計します。

・換気用ダクトの設計では，ファン入口に消音器を設置したり，また騒音がダクトを伝って静かな部屋に伝播することを防ぐ必要のある場合は，ダクトの途中にも消音器を設置するなどします。

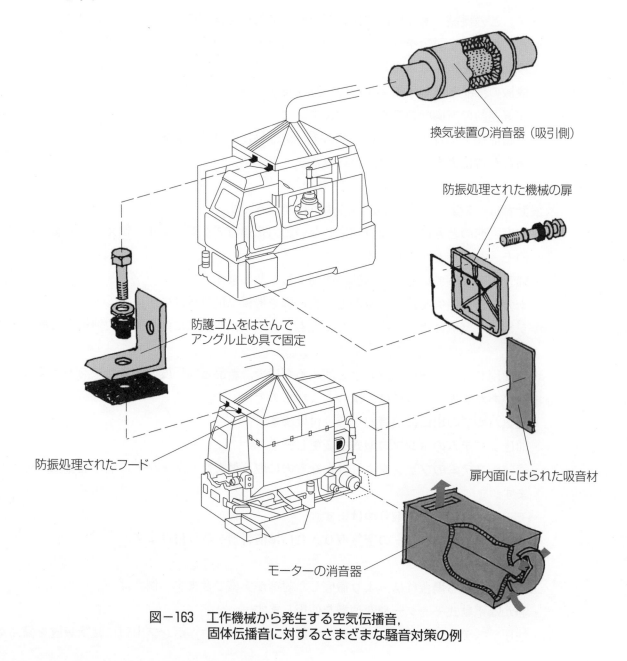

換気装置の消音器（吸引側）

防振処理された機械の扉

防護ゴムをはさんで
アングル止め具で固定

防振処理されたフード

扉内面にはられた吸音材

モーターの消音器

図−163　工作機械から発生する空気伝播音，
　　　　固体伝播音に対するさまざまな騒音対策の例

製品の取扱い

　現在の作業場でも，手作業や機械作業時の材料や製品の取扱いの際の衝突を避けるような改善が可能です。例えば，

・製品の回収容器や箱への落下距離を短くします。

・落下の衝撃を受ける容器を頑丈にします。あるいは，制振材料を用いて衝撃を減衰させます。

・強い衝撃を受ける箇所には，やわらかなゴムやプラスチックの材料を使います。

　あらたに運ぱん機械を購入する場合には，材料や製品の運ぱんにともなう騒音が小さくなるように考慮すべきです。例えば，

・ローラーコンベヤよりベルトコンベヤの方が，一般に音は静かです。

・コンベヤやその他の移送システムの速度を，製品の必要に応じたものに調整します。そうすれば，振動や衝突によって起こる騒音を防ぐことができます。

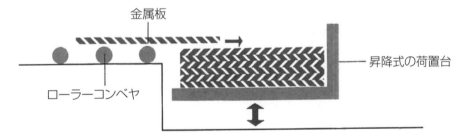

図－164
ローラーコンベヤから荷置台までの段差が大きいと，落下する金属板は大きな騒音を発生します。昇降可能な荷置台を使うと落下距離は減少し，騒音も小さくなります。

機械の囲込み

　機械自体の騒音が十分に防げない場合には，機械全体を囲い込むことが必要になります。

・囲込みには密度の高い材料を使います。例えば金属板や石こうボードを外側に使います。

・内側には吸音材を使います。この種のフードだけでも，騒音レベルを15 〜 20dB減衰させることができます。

・モーターなどを囲い込む一方で，空冷用の換気口には消音器を取り付けます。

・調整や修理のときのために，開閉の容易な扉を取り付けます。

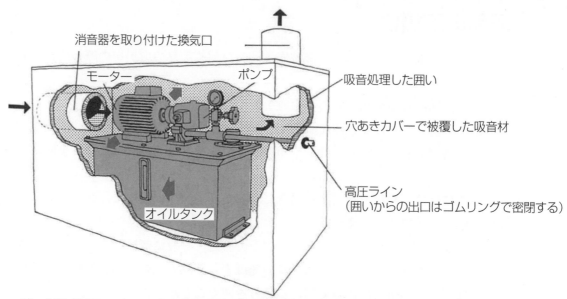

図－165 油圧システムを囲い込むには，消音器を備えた換気口が必要です。
ポンプやオイルタンクと同様に，モーターも音と熱を発散します。

振動面から発生する騒音の防止

　固定用ボルトのずれやゆるみによって，機械の振動がよく起こります。それは，修理や取り替えによって減少させることができます。

- ・機械振動から床を絶縁します。
- ・振動がしゃ断できない，大きくて重い機械は，独立した基礎の上に設置します。つまり建物の他の部分と切り離して，別の基盤の上にのせます。
- ・機械表面の振動をしゃ断して，音の発生を減らします。機械と固定台との間に弾力性を持った素材をはさめば，機械表面の振動は減衰します。特殊な減衰機構を持った固定台も使えます。

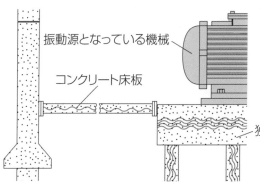

図-166 機械の振動がひどいときには，振動の伝播を防ぐために，機械の基礎を防振ジョイントを用いて独立に支持するようにします。この図では，独立して支持するために，2つのジョイントが使われています。

振動源となっている機械

コンクリート床板

独立支持された機械設置場所

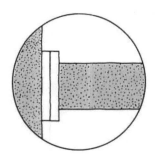
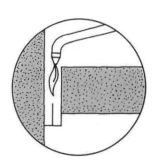
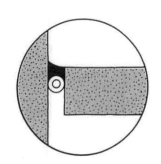

防振ジョイントの施工に当たっては，まずコンクリート施工前に，厚さ10mmの多孔質プラスチックシールドを二重に取り付けます。

コンクリート施工後，ジョイント部分を取り除くか，焼き切るかします。石などのようなものが接合部に入り込まないように，その面を点検して，必要ならば再度きれいにします。

接合部にゴム管などをはめ込み，その上にできたすきまを弾性シール材で充てんします。

図-167　防振ジョイントの施工

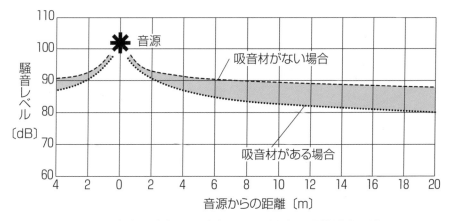

図-168　室内吸音処理の有無による騒音の距離減衰の違い

吸音材による減衰

　天井や壁や床の表面が硬い材料でおおわれた作業場では，表面に当たった音は，ほとんどすべて反射してしまいます。機械から遠ざかるにつれ，騒音レベルは初めは下がりますが，ある距離からはほとんど変化しなくなります。天井や壁を効果的な吸音材でおおうことによって，反射を減らし，騒音を下げることができます（図－168）。

防音用隔離室

　機械や工程の自動化によって，隔離した部屋からの遠隔操作が可能になることがあります。そのようなときは，次のような騒音対策が考えられます。

・十分な透過損失を持つ材料でコントロールルームを作ります。

・扉や窓は，気密性のよいものにします。

・ケーブルスペースやパイプスペースのある気密性の高い換気口が必要です。コントロールルームには適当な換気が必要で，高温作業場には空調もしておかなければなりません。そうしないと，換気のために扉を開けたままにしてしまい，騒音レベルを減少させる対策が台なしになってしまいます。

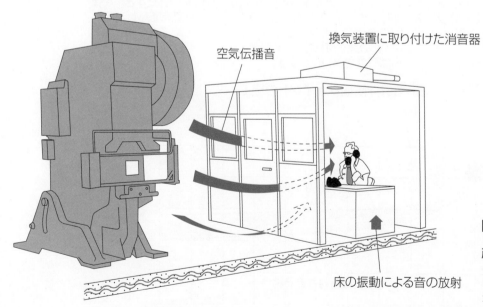

換気装置に取り付けた消音器

空気伝播音

床の振動による音の放射

図－169　防音用隔離室
コントロールルームや現場事務所の騒音は，機械から直接伝わるもの（扉の開口部などからのもれ）や，床を伝わる機械振動からの放射によるものです。

整 備

　機械や設備の整備不良のために，ときに，騒音問題が起こったり，ひどくなることがあります。固定部分がゆるむと，正常に動作しなくなったり，他の部分と摩擦を起こしたりして，騒音をさ

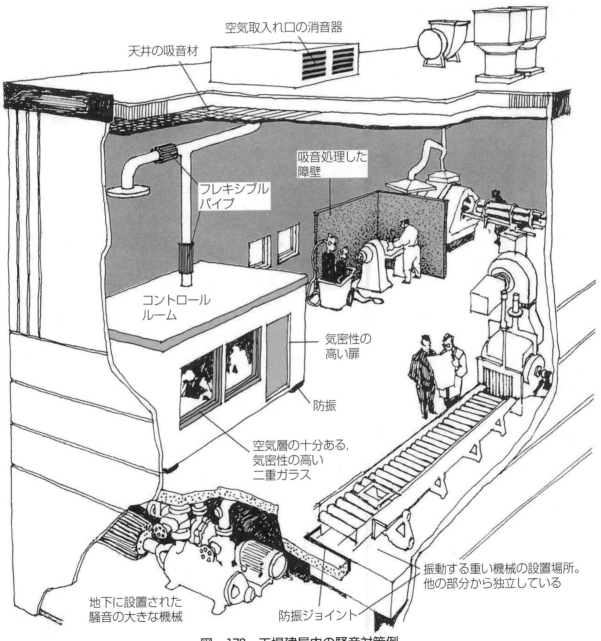

空気取入れ口の消音器

天井の吸音材

吸音処理した障壁

フレキシブルパイプ

コントロールルーム

気密性の高い扉

防振

空気層の十分ある，気密性の高い二重ガラス

地下に設置された騒音の大きな機械

防振ジョイント

振動する重い機械の設置場所。他の部分から独立している

図－170　工場建屋内の騒音対策例

らに発生させます。また，潤滑が不十分だと摩擦音が発生します。

　機械に付設されたり，組み込まれたりしている騒音防止装置の整備は特に大切です。例えば，消音器の取付けがゆるんでいたり，老朽化していたら，ただちに修理するか，新しいものと取り替えなければなりません。

騒音防止計画

　騒音防止については，新設工場の設計段階から考えておかねばなりません。

- 建物の骨組みや床，機械の基礎など，振動を伝える要因となるものは，すべて有効に振動しゃ断できるものを選ぶべきです。重い機械には，堅固で重い基礎が必要です。機械の基礎が，建物の他の部分と直結しないようにもしましょう。
- 主な騒音源はしゃ音性のあるもので囲います。その場合，通気孔や点検口など，音がもれる可能性のある場所には，特に注意をはらわなければなりません。
- 労働者が常時作業する騒音職場では，天井の吸音処理が必要です。天井がかなり高い場合には，壁にも吸音処理が必要となります。吸音性能は材質によって大きく異なるため，騒音の種類に応じて吸音材を選択しなければなりません。よい吸音材は，ときとしてよい断熱材にもなります。
- 事務室の床は，振動を発生する機械が設置された床とは，防振ジョイントを使ってしゃ断すべきです。
- 窓や扉と同様に，壁や床の構造も適切な透過損失を持つようにすべきです。
- 騒音を発生する装置を軽量の独立構造物に据え付けることは，絶対に避けましょう。振動のしゃ断には堅固な基礎が有効です。
- 事務室や倉庫のように，用途が多様な場所では，天井の表面は吸音性のよい材質で，また床はやわらかな紡織品で処理する必要があります。

5. 騒音障害防止のためのガイドライン

騒音障害の防止については，いまだ多くの騒音性難聴の発症を見ている状況にかんがみ，平成4年8月24日に労働安全衛生規則等の一部を改正する省令（平成4年労働省令第24号）を公布し，騒音障害防止対策の充実を図ることとしたところである。

今般，これら労働安全衛生規則に基づく措置を含め事業者が自主的に講ずることが望ましい騒音障害防止対策を体系化し，別添のとおり「騒音障害防止のためのガイドライン」を策定した。

ついては，関係事業場に対し，本ガイドラインの周知，徹底を図り，騒音障害防止対策の一層の推進に遺憾なきを期されたい。

なお，関係事業者団体等に対しては，本職より別紙1から4のとおり要請を行ったので了知されたい。

おって，本通達をもって，昭和31年5月18日付け基発第308号「特殊健康診断指導指針について」のうち「4　強烈な騒音を発する場所における業務」に係る部分については，これを削除する。

（基発第546号，平成4年10月1日）

騒音障害防止のためのガイドライン

1　目　的
本ガイドラインは，労働安全衛生法令に基づく措置を含め騒音障害防止対策を講ずることにより，騒音作業に従事する労働者の騒音障害を防止することを目的とする。

2　騒音作業
本ガイドラインの対象とする騒音作業は，別表第1及び別表第2に掲げる作業場における業務をいう。

3　事業者の責務
別表第1及び第2に掲げる作業場を有する事業者（以下「事業者」という。）は，当該作業場について，本ガイドラインに基づき適切な措置を講ずることにより，騒音レベルの低減化等に努めるものとする。

4　計画の届出
事業者は，労働安全衛生法（昭和47年法律第57号）第88条の規定に基づく計画の届出を行う場合において，当該計画が別表第1又は別表第2に掲げる作業場に係るものであるときは，届出に騒音障害防止対策の概要を示す書面又は図面

を添付すること。

5　作業環境管理及び作業管理
（1）屋内作業場
イ　作業環境測定
（イ）事業者は，別表第1に掲げる屋内作業場及び別表第2に掲げる作業場のうち屋内作業場について，次の測定を行うこと。
①　作業環境測定基準（昭和51年労働省告示第46号）第4条第1号及び第2号に定める方法による等価騒音レベルの測定（以下「A測定」という。）
②　音源に近接する場所において作業が行われる単位作業場にあっては，作業環境測定基準第4条第3号に定める方法による等価騒音レベルの測定（以下「B測定」という。）
（ロ）測定は，6月以内ごとに1回，定期に行うこと。
ただし，施設，設備，作業工程又は作業方法を変更した場合は，その都度，測定すること。
（ハ）測定は，作業が定常的に行われている時間帯に，1測定点について10分間以上継続して行うこと。
ロ　作業環境測定結果の評価
事業者は，単位作業場所ごとに，次の表により，作業環境測定結果の評価を行うこと。

		B測定		
		85dB（A）未満	85dB（A）以上 90dB（A）未満	90dB（A）以上
A測定平均値	85dB（A）未満	第Ⅰ管理区分	第Ⅱ管理区分	第Ⅲ管理区分
	85dB（A）以上 90dB（A）未満	第Ⅱ管理区分	第Ⅱ管理区分	第Ⅲ管理区分
	90dB（A）以上	第Ⅲ管理区分	第Ⅲ管理区分	第Ⅲ管理区分

備考1　「A測定平均値」は，測定値を算術平均して求めること。
　　2　「A測定平均値」の算定には，80dB（A）未満の測定値は含めないこと。
　　3　A測定のみを実施した場合は，表中のB測定の欄は85dB（A）未満の欄を用いて評価を行うこと。

ハ　管理区分ごとの対策
事業者は，作業環境測定結果の評価結果に基づき，管理区分ごとに，それぞれ次の措置を講ずること。
（イ）第Ⅰ管理区分の場合
第Ⅰ管理区分に区分された場所については，当該場所における作業環境の継続的維持に努め

ること。

（ロ）　第Ⅱ管理区分の場合

① 第Ⅱ管理区分に区分された場所については，当該場所を標識によって明示する等の措置を講ずること。

② 施設，設備，作業工程又は作業方法の点検を行い，その結果に基づき，施設又は設備の設置又は整備，作業工程又は作業方法の改善その他作業環境を改善するため必要な措置を講じ，当該場所の管理区分が第Ⅰ管理区分となるよう努めること。

③ 騒音作業に従事する労働者に対し，必要に応じ，防音保護具を使用させること。

（ハ）　第Ⅲ管理区分の場合

① 第Ⅲ管理区分に区分された場所については，当該場所を標識によって明示する等の措置を講ずること。

② 施設，設備，作業工程又は作業方法の点検を行い，その結果に基づき，施設又は設備の設置又は整備，作業工程又は作業方法の改善その他作業環境を改善するため必要な措置を講じ，当該場所の管理区分が第Ⅰ管理区分又は第Ⅱ管理区分となるようにすること。

なお，作業環境を改善するための措置を講じたときは，その効果を確認するため，当該場所について作業環境測定を行い，その結果の評価を行うこと。

③ 騒音作業に従事する労働者に防音保護具を使用させるとともに，防音保護具の使用について，作業中の労働者の見やすい場所に掲示すること。

ニ　測定結果等の記録

事業者は，作業環境測定を実施し，測定結果の評価を行ったときは，その都度，次の事項を記録して，これを3年間保存すること。

① 測定日時

② 測定方法

③ 測定箇所

④ 測定条件

⑤ 測定結果

⑥ 評価日時

⑦ 評価箇所

⑧ 評価結果

⑨ 測定及び評価を実施した者の氏名

⑩ 測定及び評価の結果に基づいて改善措置を講じたときは，当該措置の概要

（2）　屋内作業場以外の作業場

イ　測　定

（イ）　事業者は，別表第2に掲げる作業場のうち屋内作業場以外の作業場については，音源に近接する場所において作業が行われている時間のうち，騒音レベルが最も大きくなると思われる時間に，当該作業が行われる位置において等価騒音レベルの測定を行うこと。

（ロ）　測定は，施設，設備，作業工程又は作業方法を変更した場合に，その都度行うこと。

ロ　測定結果に基づく措置

事業者は，測定結果に基づき，次の措置を講ずること。

（イ）　85dB（A）以上90dB（A）未満の場合

騒音作業に従事する労働者に対し，必要に応じ，防音保護具を使用させること。

（ロ）　90dB（A）以上の場合

騒音作業に従事する労働者に防音保護具を使用させるとともに，防音保護具の使用について，作業中の労働者の見やすい場所に掲示すること。

6　健康管理

（1）　健康診断

イ　雇入時等健康診断

事業者は，騒音作業に常時従事する労働者に対し，その雇入れの際又は当該業務への配置替えの際に，次の項目について，医師による健康診断を行うこと。

① 既往歴の調査

② 業務歴の調査

③ 自覚症状及び他覚症状の有無の検査

④　オージオメータによる250，500，1000，2000，4000，8000ヘルツにおける聴力の検査

⑤　その他医師が必要と認める検査

ロ　定期健康診断

事業者は，騒音作業に常時従事する労働者に対し，6月以内ごとに1回，定期に，次の項目について，医師による健康診断を行うこと。

①　既往歴の調査

②　業務歴の調査

③　自覚症状及び他覚症状の有無の検査

④　オージオメータによる1000ヘルツ及び4000ヘルツにおける選別聴力検査

事業者は，上記の健康診断の結果，医師が必要と認める者については，次の項目について，医師による健康診断を行うこと。

①　オージオメータによる250，500，1000，2000，4000，8000ヘルツにおける聴力の検査

②　その他医師が必要と認める検査

（2）　健康診断結果に基づく事後措置

事業者は，健康診断の結果に応じて，次に掲げる措置を講ずること。

イ　前駆期の症状が認められる者及び軽度の聴力低下が認められる者に対しては，屋内作業場にあっては第Ⅱ管理区分に区分された場所，屋内作業場以外の作業場にあっては等価騒音レベルで85dB（A）以上90dB（A）未満の作業場においても防音保護具の使用を励行させるほか，必要な措置を講ずること。

ロ　中等度以上の聴力低下が認められ，聴力低下が進行するおそれがある者に対しては，防音保護具使用の励行のほか，騒音作業に従事する時間の短縮等必要な措置を講ずること。

（3）　健康診断結果の記録と報告

事業者は，雇入時等又は定期の健康診断を実施したときは，その結果を記録し，5年間保存すること。

また，定期健康診断については，実施後遅滞なく，その結果を所轄労働基準監督署長に報告すること。

7　労働衛生教育

事業者は，常時騒音作業に労働者を従事させようとすると

きは，当該労働者に対し，次の科目について労働衛生教育を行うこと。

①　騒音の人体に及ぼす影響

②　適正な作業環境の確保と維持管理

③　防音保護具の使用の方法

④　改善事例及び関係法令

（別表第1）

（1）　鋲打ち機，はつり機，鋳物の型込機等圧縮空気により駆動される機械又は器具を取り扱う業務を行う屋内作業場

（2）　ロール機，圧延機等による金属の圧延，伸線，ひずみ取り又は板曲げの業務（液体プレスによるひずみ取り及び板曲げ並びにダイスによる線引きの業務を除く。）を行う屋内作業場

（3）　動力により駆動されるハンマーを用いる金属の鍛造又は成型の業務を行う屋内作業場

（4）　タンブラーによる金属製品の研磨又は砂落しの業務を行う屋内作業場

（5）　動力によりチェーン等を用いてドラムかんを洗浄する業務を行う屋内作業場

（6）　ドラムバーカーにより，木材を削皮する業務を行う屋内作業場

（7）　チッパーによりチップする業務を行う屋内作業場

（8）　多筒抄紙機により紙をすく業務を行う屋内作業場

（別表第2）

（1）　インパクトレンチ，ナットランナー，電動ドライバー等を用い，ボルト，ナット等の締め付け，取り外しの業務を行う作業場

（2）　ショットブラストにより金属の研磨の業務を行う作業場

（3）　携帯用研削盤，ベルトグラインダー，チッピングハンマー等を用いて金属の表面の研削又は研磨の業務を行う作業場

（4）　動力プレス（油圧プレス及びプレスブレーキを除く。）により，鋼板の曲げ，絞り，せん断等の業務を行う作業場

（5） シャーにより，鋼板を連続的に切断する業務を行う作業場

（6） 動力により鋼線を切断し，くぎ，ボルト等の連続的な製造の業務を行う作業場

（7） 金属を溶解し，鋳鉄製品，合金製品等の成型の業務を行う作業場

（8） 高圧酸素ガスにより，鋼材の溶断の業務を行う作業場

（9） 鋼材，金属製品等のロール搬送等の業務を行う作業場

（10） 乾燥したガラス原料を振動フィーダーで搬送する業務を行う作業場

（11） 鋼管をスキッド上で検査する業務を行う作業場

（12） 動力巻取機により，鋼板，線材を巻き取る業務を行う作業場

（13） ハンマーを用いて金属の打撃又は成型の業務を行う作業場

（14） 圧縮空気を用いて溶融金属を吹き付ける業務を行う作業場

（15） ガスバーナーにより金属表面のキズを取る業務を行う作業場

（16） 丸のこ盤を用いて金属を切断する業務を行う作業場

（17） 内燃機関の製造工場又は修理工場で，内燃機関の試運転の業務を行う作業場

（18） 動力により駆動する回転砥石を用いて，のこ歯を目立てする業務を行う作業場

（19） 衝撃式造形機を用いて砂型を造形する業務を行う作業場

（20） コンクリートパネル等を製造する工程において，テーブルバイブレータにより締め固めの業務を行う作業場

（21） 振動式型ばらし機を用いて砂型より鋳物を取り出す業務を行う作業場

（22） 動力によりガスケットをはく離する業務を行う作業場

（23） びん，ブリキかん等の製造，充てん，冷却，ラベル表示，洗浄等の業務を行う作業場

（24） 射出成型機を用いてプラスチックの押出し，切断の業務を行う作業場

（25） プラスチック原料等を動力により混合する業務を行う作業場

（26） みそ製造工程において動力機械により大豆の選別の業務を行う作業場

（27） ロール機を用いてゴムを練る業務を行う作業場

（28） ゴムホースを製造する工程において，ホース内の内紙を編上機により編み上げる業務を行う作業場

（29） 織機を用いてガラス繊維等原糸を織布する業務を行う作業場

（30） ダブルツインスター等高速回転の機械を用いて，ねん糸又は加工糸の製造の業務を行う作業場

（31） カップ成型機により，紙カップを成型する業務を行う作業場

（32） モノタイプ，キャスター等を用いて，活字の鋳造の業務を行う作業場

（33） コルゲータマシンによりダンボール製造の業務を行う作業場

（34） 動力により，原紙，ダンボール紙等の連続的な折り曲げ又は切断の業務を行う作業場

（35） 高速輪転機により印刷の業務を行う作業場

（36） 高圧水により鋼管の検査の業務を行う作業場

（37） 高圧リムーバを用いてICパッケージのバリ取りの業務を行う作業場

（38） 圧縮空気を吹き付けることにより，物の選別，取出し，はく離，乾燥等の業務を行う作業場

（39） 乾燥設備を使用する業務を行う作業場

（40） 電気炉，ボイラー又はエアコンプレッサーの運転業務を行う作業場

（41） ディーゼルエンジンにより発電の業務を行う作業場

（42） 多数の機械を集中して使用することにより製造，加工又は搬送の業務を行う作業場

（43） 岩石又は鉱物を動力により破砕し，又は粉砕する業務を行う作業場

（44） 振動式スクリーンを用いて，土石をふるい分ける業務を行う作業場

（45） 裁断機により石材を裁断する業務を行う作業場

（46） 車両系建設機械を用いて掘削又は積込みの業務を行う坑内の作業場

（47） さく岩機，コーキングハンマ，スケーリングハンマ，コンクリートブレーカ等圧縮空気により駆動される手持動力工具を取り扱う業務を行う作業場

(48) コンクリートカッタを用いて道路舗装のアスファルト等を切断する業務を行う作業場

(49) チェーンソー又は刈払機を用いて立木の伐採，草木の刈払い等の業務を行う作業場

(50) 丸のこ盤，帯のこ盤等木材加工用機械を用いて木材を切断する業務を行う作業場

(51) 水圧バーカー又はヘッドバーカーにより，木材を削皮する業務を行う作業場

(52) 空港の駐機場所において，航空機への指示誘導，給油，荷物の積込み等の業務を行う作業場

騒音障害防止のためのガイドラインの解説

本解説は，「騒音障害防止のためのガイドライン」の趣旨，運用上の留意点，内容の説明を記したものである。

「1 目的」について

騒音性難聴は長期的には減少傾向にあるが，現在においても多くの発生をみており，看過できない状況にある。

また，近年，国際労働機関（ILO），国際標準化機構（ISO）等の国際機関や欧米諸国において，新たに等価騒音レベルを用いた騒音ばく露の許容基準が提案されている。

こうした動向を踏まえ，従来からの騒音障害防止対策を見直し，今般，騒音レベルの測定，測定結果の評価に基づく騒音対策，健康管理，労働衛生教育からなる「騒音障害防止のためのガイドライン」を定めたものである。

「2 騒音作業」について

別表第1は，労働安全衛生規則（昭和47年労働省令第32号）第588条及び第590条の規定に基づき，6月以内ごとに1回，定期に，等価騒音レベルを測定することが義務付けられている屋内作業場を掲げたものであり，別表第2は，各種の測定結果から等価騒音レベルで85dB（A）以上になる可能性が大きい作業場を掲げたものである。

なお，これらに掲げられていない作業場であっても，騒音レベルが高いと思われる場合には，本ガイドラインと同様な騒音障害防止対策を講ずることが望ましい。

「3 事業者の責務」について

本ガイドラインは，標準的かつ必要最小限と考えられる対策を体系的にとりまとめたものである。したがって，事業者は，これをもとに騒音作業の実態に応じた騒音発生源対策，

伝ぱ経路対策等を講ずる必要がある。

また，本ガイドラインを適正に運用するためには，労働衛生管理体制の整備と各級管理者の活動が基本となるが，騒音作業に従事する労働者がその趣旨を理解し，対策の遵守，協力に努めることも極めて重要であることから，適切な労働衛生教育を実施することが不可欠である。さらに，機械設備等製造業者が，騒音発生源となる機械設備等について，設計，製造段階からの低騒音化対策に努めることが必要である。

「5 作業環境管理及び作業管理」について

（1） 等価騒音レベル

等価騒音レベルについては，日本工業規格（JIS）のZ8731（1983）において「騒音レベルが時間とともに変化する場合，測定時間内でこれと等しい平均二乗音圧を与える連続定常音の騒音レベル。単位デシベル，単位記号はdB（A）。」と定義されており，次の式で表される。

$$L_{\text{Aeq},\ T}=10\log_{10}\left[\ \frac{1}{t_2-t_1}\int_{t_1}^{t_2}\frac{P_\text{A}^2(t)}{P^2}dt\right]$$

T：時刻 t_1 に始まり時刻 t_2 に終わる実測時間

$P_\text{A}(t)$：A特性音圧

P_0：基準音圧（$20\mu\text{Pa}$）

等価騒音レベルの物理的意味は，図1に示すように，時間とともに変動する騒音（$L_\text{A}(t)$）がある場合，そのレベルを，ある時間（$T=t_2-t_1$）の範囲内でこれと等しいエネルギーをもつ定常騒音の騒音レベルで表現するということである。等価騒音レベルは，変動騒音に対する人間の生理・心理的反応とよく対応することが多くの研究で明らかにされており，一般環境や作業環境における騒音の大きさを表す代表値として，近年，国際的に広く用いられるようになり，ILO，ISO等の許容基準にも取り入れられている。

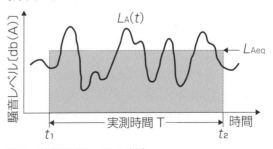

図1 等価騒音レベルの意味

（2）作業環境測定

イ　等価騒音レベルの測定については，特に特定の実施者を定めていないが，測定結果が対策の基本になることから，適正な測定を行う必要がある。このため，測定は，作業環境測定士や衛生管理者など事業場における労働衛生管理の実務に直接携わる者に実施させるか，又は作業環境測定機関に委託して実施することが望ましい。

ロ　作業環境測定は，作業環境の評価が第Ⅰ管理区分となる場合であっても，作業環境の評価を継続的に行うため，6月以内ごとに1回，定期に行う必要がある。

ハ　A測定は，単位作業場所の平均的な作業環境を調べるのが目的であるので，作業が定常的に行われている時間に行う必要がある。また，時間の経過に伴う作業環境の状態の変化も同時に調べるために，測定点ごとに測定時刻をずらして行うのが望ましい。

しかし，単位作業場によっては，平均的な作業環境状態からは予測しにくい大きい騒音にさらされる危険がある。B測定は，このような場合を想定し，音源に近接する場所において作業が行われる単位作業場所にあっては，その作業が行われる時間のうち，騒音レベルが最も大きくなると思われる時間に，当該作業が行われる位置における等価騒音レベルを測定するものである。

ニ　等価騒音レベルは，積分型騒音計を用いれば直接求めることができるが，普通騒音計を用いて，実測時間全体にわたって一定時間間隔Δごとに騒音レベルを測定し，その結果から次式により求めることもできる。

$$L_{\mathrm{Aeq},T}=10\log_{10}\left[\frac{1}{n}(10^{L_{A1}/10}+10^{L_{A2}/10}+\cdots+10^{L_{An}/10})\right]$$

$L_{A1}, L_{A2}, L_{A3}\cdots L_{An}$：騒音レベルの測定値
n：測定値の総数

（3）管理区分ごとの対策

イ　「第Ⅱ管理区分又は第Ⅲ管理区分に区分された場所を標識によって明示する等」とは，屋内作業場について，第Ⅱ管理区分又は第Ⅲ管理区分に区分された場所とそれ以外の場所を，区画物に標識を付し，又は床上に白線，黄等を引くことにより区画することをいうが，

屋内作業場の入り口等に，騒音レベルの高い屋内作業場である旨を掲示すること等の措置を講ずることとして差し支えない。

また，第Ⅱ管理区分及び第Ⅲ管理区分に区分された場所が混在する場合には，これらの場所を区別することなく，ひとつの場所として明示しても差し支えない。

ロ　施設，設備，作業工程等における騒音発生源対策及び伝ぱ経路対策並びに騒音作業従事者に対する受音者対策の代表的な方法は表1のとおりである。

なお，これらの対策を講ずるに当たっては，改善事例を参考にするとともに，労働衛生コンサルタント等の専門家を活用することが望ましい。

ハ　作業環境を改善するための措置を講じたときは，その確認のため，作業環境の測定及び評価を行うことが重要であるが，測定及び評価は措置を講ずる前に行った方法と同じ方法で行う。

ニ　防音保護具の使用に当たっては，次の点に留意する必要がある。

a　防音保護具は，騒音発生源対策，伝ぱ経路対策等による騒音の低減化が十分に行うことができない場合に，二次的に使用するものであること。

b　防音保護具には耳栓と耳覆い（イヤーマフ）があり，耳栓は遮音性能により一種（低音から高音までを遮音するもの）と二種（主として高音を遮音するもので，会話域程度の低音を比較的通すもの）に区分されていること。

表1　代表的な騒音対策の方法

分　類	方　法	具体例
1　騒音発生源対策	発生源の低騒音化	低騒音型機械の採用
	発生原因の除去	給油，不釣合調整，部品交換など
	遮　音	防音カバー，ラギング
	消　音	消音器，吸音ダクト
	防　振	防振ゴムの取り付け
	制　振	制振材の装着
	運転方法の改善	自動化，配置の変更など
2　伝ぱ経路策	対距離減衰	配置の変更など
	遮蔽効果	遮蔽物，防音塀
	吸　音	建屋内部の消音処理
	指向性	音源の向きの変更
3　受音者対策	遮　音	防音監視室
	作業方法の改善	作業スケジュールの調整，遠隔操作など
	耳の保護	耳栓，耳覆い

耳栓と耳覆いのどちらを選ぶかは，作業の性質や騒音の特性で決まるが，非常に強烈な騒音に対しては耳栓と耳覆いとの併用が有効であること。

c　耳栓を使用する場合，人によって耳の穴の形や大きさが異なるので，その人に適したものを使用すること。

d　防音保護具は，装着の緩みや隙間があると充分な効果が得られないので，正しく使用すること。また，作業中，緩んだ場合には，その都度装着し直すこと。

e　騒音作業を有する作業場では，会話によるコミュニケーションが阻害される場合が多いが，防音保護具の使用はさらにこれを増大するので，適切な意思伝達手段を考える必要があること。

また，非常の際の警報には音響ではなく，赤色回転灯などを用いて二次災害の防止に配慮すること。

f　第Ⅱ管理区分に区分された場所において，前駆期の症状が認められる者及び軽度の聴力低下が認められる者が作業に従事する場合には，当該労働者に防音保護具を使用させること。

（4）測定結果等の記録

イ　作業環境測定を行ったときは，測定結果，評価結果等を記録して，これを3年間保存する。

なお，第Ⅱ管理区分又は第Ⅲ管理区分に区分された場所における測定結果，評価結果等の記録については，5年間保存することが望ましい。

ロ　「測定方法」とは，測定器の種類，形式等をいう。

ハ　「測定箇所」の記録は，測定を行った作業場の見取図に測定箇所を記入する。

ニ　「測定条件」とは，測定時の作業の内容，稼働していた機械，設備等の名称及びその位置，測定結果に最も影響を与える音源の名称及びその位置のほか，マイクロホンの設置高さ，窓などの開閉状態等をいう。

ホ　「測定結果」については，A測定の測定値，その算術平均値及びB測定の測定値を記録する。

ヘ　「測定結果」には，第Ⅰ管理区分から第Ⅲ管理区分までの該当する区分を記録する。

（5）屋内作業場以外の作業場における測定及び測定結果

に基づく措置

イ　屋内作業場以外の作業場に係る測定については，騒音発生源が作業により移動する手持動力工具を取り扱う業務が多いことから，屋内作業場における作業環境測定基準に基づく測定を行う必要はなく，音源に近接する場所において作業を行う者の位置で測定を行えば足りるものである。

ロ　測定結果に基づく措置は，最小限のものとして防音保護具の使用及び防音保護具を使用しなければならない旨の掲示を示しているが，屋内作業場における措置と同様に，施設，設備，作業工程又は作業方法の点検を行い，その結果に基づき，施設又は設備の設置又は整備，作業工程又は作業方法の改善その他作業環境を改善するために必要な措置を講じ，当該作業場の騒音レベルをできる限り低減する努力を行う必要がある。

ハ　測定結果が85dB（A）以上90dB（A）未満の場所において，前駆期の症状が認められる者及び軽度の聴力低下が認められる者が作業に従事する場合には，当該労働者に防音保護具を使用させること。

「6　健康管理」について

（1）健康診断の目的

職場における健康診断の一般的な目的は，職場において健康を阻害する諸因子による健康影響の早期発見及び総合的な健康状況の把握のみならず，労働者が当該作業に就業して良いか（就業の可否），あるいは作業に引続き従事して良いか（適正配置）を判断することにある。すなわち，労働者の健康状態を経時的変化を踏まえて総合的に把握したうえで，保健指導，作業管理あるいは作業環境管理にフィードバックすることにより，労働者が常に健康な状態で働けるようにすることである。

この意味において，騒音作業に係る健康診断の具体的目的は，以下の二つに大別できる。

a　騒音作業従事労働者の聴力の程度，変化，耳鳴り等の症状及び騒音ばく露状況を調べ，個人の健康管理を進める資料とすること。

b　集団としての騒音の影響を調べ，騒音管理を進める資料とすること。

（2）　健康管理の体系

　　健康管理の体系は，図2のとおりである。

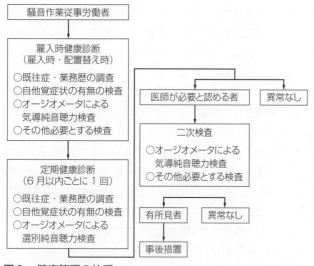

図2　健康管理の体系

（3）　健康診断の種類

　イ　雇入時等健康診断

　　　騒音作業に常時従事する労働者を新たに雇入れ，又は当該業務へ配置転換するとき（以下「雇入れ時等」という。）に実施する聴力検査の検査結果は，将来にわたる聴覚管理の基準として活用されることから極めて重要な意味を持つものである。

　　　このため，雇入時等健康診断においては，定期健康診断の選別聴力検査に代えて，250ヘルツから8000ヘルツまでの聴力の検査を行うこととしたものである。

　　　したがって，雇入れ時等以前に，既に中耳炎後遺症，頭頚部外傷後遺症，メニエール病，耳器毒（耳に悪影響を及ぼす毒物）の使用，突発性難聴などで聴力が低下している者，あるいは過去に騒音作業に従事してすでに騒音性難聴を示している者，日常生活においてヘッドホン等による音楽鑑賞を行うことにより聴力障害の兆候を示す者について，各周波数ごとの正確な聴力を把握することが特に重要となる。

　ロ　定期健康診断

　　　騒音作業従事労働者の聴力の経時的変化を調べ，個人及び集団としての騒音の影響をいち早く知り，聴覚管理の基礎資料とするとともに，作業環境管理及び作業管理に反映させることが重要である。

　　　定期健康診断は6月以内ごとに1回，定期に行うことが原則であるが，労働安全衛生規則第44条又は第45条の規定に基づく定期健康診断が6月以内に行われた場合（オージオメータを使用して，1000ヘルツ及び4000ヘルツにおける選別聴力検査が行われた場合に限る。）には，これを本ガイドラインに基づく定期健康診断（ただし，オージオメータによる1000ヘルツ及び4000ヘルツにおける選別聴力検査の項目に限る。）とみなして差し支えない。

　　　また，第Ⅰ管理区分に区分された場所又は屋内作業場以外の作業場で測定結果が85dB（A）未満の場所における業務に従事する労働者については，本ガイドラインに基づく定期健康診断を省略しても差し支えない。

　　　なお，オージオメータを使用して，1000ヘルツ及び4000ヘルツにおける選別聴力検査のみを行ったのでは，騒音性難聴のごく初期の段階では，所見なしと判定される可能性がある。したがって，2回の定期健康診断のうち1回は，1000ヘルツ及び4000ヘルツにおける閾値を検査することが望ましい。

　ハ　離職時等健康診断

　　　離職時又は騒音作業以外の作業への配置転換時（以下「離職時等」という。）の聴力の程度を把握するため，離職時等の前6月以内に定期健康診断を行っていない場合には，定期健康診断と同じ項目の検査を行うことが望ましい。

（4）　検査の方法

　イ　既往歴・業務歴の調査及び自他覚症状の有無の検査

　　　聴力検査を実施する前に，あらかじめ騒音のばく露歴，特に現在の騒音作業の内容，騒音レベル，作業時間について調査するとともに，耳栓，耳覆いなどの保護具の使用状況も把握しておく。さらに，現在の自覚症状として，耳鳴り，難聴の有無あるいは最近の疾患

などについて問視診により把握する。

ロ　1000ヘルツ及び4000ヘルツにおける選別聴力検査

　　オージオメータによる選別聴力検査は，1000ヘルツについては30dB，4000ヘルツについては40dBの音圧の純音が聞こえるかどうかの検査を行う。

　　なお，検査は，検査音の聴取に影響を及ぼさない静かな場所で行う。

ハ　250，500，1000，2000，4000，8000ヘルツにおける聴力の検査。

　　この検査は，オージオメータによる気導純音聴力レベル測定法による。

　　なお，250ヘルツにおける検査は省略しても差し支えない。

　　コンピュータ制御自動オージオメータを使用する場合は，そのプログラム及び操作は，手動による気導純音聴力レベル測定法による成績と同じ成績が得られるようにする。

（5）聴力検査の担当者

イ　選別聴力検査については，医師のほか，医師の指示のもとに，本検査に習熟した保健婦，看護婦等が行うことが適当である。

ロ　250，500，1000，2000，4000，8000ヘルツにおける聴力の検査については，医師のほか，医師の指示のもとに，本検査に習熟した保健婦，看護婦等が行うこと。

（6）健康診断結果の評価

イ　雇入時等健康診断結果の評価に当たっては，まず，雇入時等健康診断の結果に基づき，騒音作業従事労働者の気導純音聴力レベルを求め，就業時の聴力として以後の健康管理上の基準とする。

ロ　評価及び健康管理上の指導は，耳科的知識を有する産業医又は耳鼻咽喉科専門医が行う。評価を行うに当たっては，異常の有無を判断し，異常がある場合には，それが作業環境の騒音によるものか否か，障害がどの程度か，障害の進行が著明であるかどうか等を判断する。

ハ　選別聴力検査の結果，所見のあった者に対して，騒音作業終了後半日以上経過した後に，250，500，1000，2000，4000，8000ヘルツにおける気導純音聴力レベルの測定を行い，得られた結果を評価する。

　　また，本検査を行った場合には，会話音域の聴き取り能力の程度を把握するため，次式により3分法平均聴力レベルを求めて記載しておく。

　　3分法平均聴力レベル＝（A＋B＋C）×1／3

　　A：500ヘルツの聴力レベル

　　B：1000ヘルツの聴力レベル

　　C：2000ヘルツの聴力レベル

（7）健康診断結果に基づく事後措置

　　健康診断結果に基づく事後措置は，聴力検査の結果から表2に示す措置を講ずることを基本とするが，この際，耳科的既往歴，騒音業務歴，現在の騒音作業の内容，防音保護具の使用状況，自他覚症状などを参考にするとともに，さらに生理的加齢変化，すなわち老人性難聴の影響を考慮する必要がある。

表2　聴力レベルに基づく管理区分

聴力レベル		区　分	措　置
高音域	会話音域		
30dB未満	30dB未満	健常者	一般的聴覚管理
30dB以上 50dB未満		要観察者（前駆期の症状が認められる者）	第Ⅱ管理区分にされた場所等においても防音保護具の使用の励行，その他必要な措置を講ずる。
50dB以上	30dB以上 50dB未満	要観察者（軽度の聴力低下が認められる者）	
	50dB以上	要管理者（中等度以上の聴力低下が認められる者）	防音保護の使用の励行，騒音作業時間の短縮，配置転換，その他必要な措置を講ずる。

備考1　高音域の聴力レベルは，4000ヘルツについての聴力レベルによる。
　　2　会話音域の聴力レベルは，3分法平均聴力レベルによる。

（8）健康診断結果の報告

　　健康診断の結果報告については，平成2年12月18日付け基発第748号「じん肺法施行規則等の一部を改正する省令の施行について」の別紙に示す「指導勧奨による特殊健康診断結果報告書」を用いて報告を行うこと。

「7　労働衛生教育」について

　　労働衛生教育の実施は，騒音についての最新の知識並びに教育技法についての知識及び経験を有する者を講師として，ガイドラインに示された科目ごとに，表3に掲げる範囲及び時間で実施する。

表3　騒音作業従事労働者労働衛生教育

科　目	範　囲	時間
1　騒音の人体に及ぼす影響	（1）影響の種類 （2）聴力障害	60分
2　適正な作業環境の確保と維持管理	（1）騒音の測定と作業環境の評価 （2）騒音発生源対策 （3）騒音伝ぱ経路対策	50分
3　防音保護具の使用の方法	（1）防音保護具の種類及び性能 （2）防音保護具の使用方法及び管理	30分
4　改善事例及び関係法令	（1）改善事例 （2）騒音作業に係る労働衛生関係法令	40分

あとがき

　本書の原書は，1977年にスウェーデンで出版された。それが英語に翻訳され，日本語版が1992年（オーム社），2003年（労働科学研究所）と出版されてきた。技術書は20年も経つとしばしば使い物にならないのだが，本書がスウェーデン語版の出版以来43年を経て今なお需要があるというのは，騒音対策の基本をしっかりおさえていて，なしうることがかなり網羅されているからであろう。このたび中央労働災害防止協会から版を改めて出版されることを訳者の一人として歓迎したい。日本語版の出版以後，監訳者山本剛夫教授と訳者の一人中桐伸五教授は鬼籍に入られた。時の経過を実感する。本書の出版にあたり，オーム社ならびに労働科学研究所，さらにはスウェーデン労働環境基金，アメリカ合衆国労働省労働安全衛生局の快諾を得たことにこの場を借りて謝意を表したい。

　本書が今なおその価値を失っていないには理由があるが，過去43年間の騒音対策技術の進歩が含まれていないのも事実である。特に，1980年代以降発達したアクティブノイズコントロール（ノイズ・キャンセレーション）技術は，既往の騒音防止技術ではなしえなかった対策をもたらしたが，本書にこれを含めるかどうか検討した結果，現時点では成書にゆずることとし，その概略を本稿の中で触れることとした。本稿では，本書がなぜ今も古くないかを騒音の科学史を概観して解説し，併せてアクティブノイズコントロール技術と1990年代以降の騒音の影響に関する研究成果についても簡単にみておきたい。

　騒音が金属加工職人（鍛冶屋とかボイラーメーカー）に難聴を起こすことは，古くから知られていたが，人間に大きな影響を及ぼすことが認識され，社会問題となったのは，第1次世界大戦後である。「砲弾ショック」と呼ばれる戦争後遺症が，ヨーロッパの戦後に大きな傷を残した。塹壕の中で砲撃の音を聞きつづけているうちに，精神に異常をきたした兵士が少なくなかったのだ。音によって人格が破壊される，というのは，それまでおよそ想像したことのない恐怖である。そういう時代背景を受けて，戦後の1920年代後半から始まり，1930年代は活発に騒音研究が行われ，特に電気工学を援用した音響工学と音響心理学とが大きな貢献をなした。しかし，今振り返ると，当時はまだ騒音研究の揺籃期であった。本格的に騒音研究が盛んになったのは，1950年代から60年代にかけてである。エンジンのジェット化と航空機利用拡大の副産物として騒音問題が起こった時期でもあった。電気工学のいっそうの進歩もあずかって，1970年ごろには，騒音の測定，記録，分析を精密に行うことが可能となり，さらに物理的研究以外に騒音の心理的・生理的影響の研究もなされ，それら一連の研究成果は騒音の客観的評価を可能とするものであった。

　1974年にアメリカ環境保護庁（USEPA）が『公衆の健康と福祉を保護するための安全を見込んだ環境騒音レベルに関する情報』というレポートを発表しているが，筆者はこれが騒音研究の

集大成としてエポックを画す，と考えている。それ以前の騒音の，特に影響に関する研究成果を包括的にレビューし，各種影響の判定条件（クライテリア）を決定した文書である。そこで用いられた，騒音の評価尺度Ldn（昼夜平均騒音レベル：夜間の騒音レベルに10dB重みづけを行った等価騒音レベル）は，現在標準的に用いられる尺度である。

　このように本書が最初に出版された1977年までに第2次世界大戦前から行われてきた騒音研究が，一定の成熟をみていたのである。その意味では，本書の内容は当時の最先端の騒音防止の研究成果と経験とを踏まえている，ということができるであろう。少なくとも，必須の基本的騒音対策が，原理と事例とをもって解説されている。描かれている一部の機械が古い印象を与えるかもしれないものの，今なお本書の利用価値が衰えないゆえんである。

　ところで，騒音研究が1970年代半ばに成熟したのなら，それ以降下火になったのか，というと，それが逆で，むしろ盛んになった。1970年代半ばに諸外国で騒音制御工学の学会組織が設立されていき，1976年には日本騒音制御工学会が設立されている。その後の科学技術の進歩は，当然騒音の技術にも進歩をもたらし，特にデジタル諸技術が，騒音の測定，分析，記録などの面で画期的なインパクトを与えた。たとえば従来，記録紙に赤インクで描かれた騒音レベルの軌跡を読み取り，電卓を叩いてデータ解析していた作業が，不要になった。その記録紙を段ボールに入れて保管する必要もなくなった。その他の領域でも，騒音に関する知見が精緻になり，対策技術も有効性が増したのは事実である。にもかかわらず，騒音に関する基本的知見は，過去50年間ほとんど変わっていない，といってよい。

　ただすでに述べたように，騒音防止技術で大きなブレークスルーが1980年代中ごろに起こった。騒音の能動制御（アクティブノイズコントロール：ANC）である。この技術は，最近市販されているノイズ・キャンセレーション・ヘッドホンで使われているから，一般によく知られているであろう。原理自体は単純で，音波は空気の疎密波だから，疎の部分（圧力の低い部分）と密な部分（圧力の高い部分）とを逆転させた音波を別に発生させたなら，2つの波が重なり合って消える，というものである。技術的実現は，消したい騒音をマイクロホンで拾って，その逆位相の音をスピーカーから発生させることになる。この技術はすでに1936年にアメリカで特許が取得されている。しかし確実に実現するには情報処理装置の小型化を待たねばならなかった。

　ANCは，ある意味で画期的である。しかし万能の魔法の杖ではない。それが応用できる条件は意外に狭い。騒音が進行するのと同じ方向に，しかも1秒に何10回，何100回の振動をする空気の圧力変動にぴったりと合わせて逆の音を重ね合わせるには精密な技術が必要である。ひとつ間違えて，騒音と同位相の圧力変動を発生させてしまったなら，キャンセルどころか，増幅になってしまう。だから，適用される周波数が高いとむずかしく，およそ500Hz以下が適用範囲とされる。

おそらくもっとも有効なANCの応用と思われるのは，イヤーマフ（ヘッドホン）内の騒音キャンセレーションであろう。イヤーマフの中では音は伝搬するというよりは，内部の気圧が一様に変動するというほうが適切であろうから，逆位相の音を発生させキャンセルするのが容易である。激甚騒音にばく露される航空機のエンジン試運転などでは，耳栓とイヤーマフだけでは音量の減衰が不十分で，早くからANCが実用化されてきた。次に有効なのは，ダクト内の騒音キャンセレーションで，ダクト内では音は平面波に近い状態で安定的に進行するから，マイクで音を拾って，フィードフォワードする形で下流に置いたスピーカーから逆位相の音を発生させて，音を消すのである。このほか，特定の比較的低い周波数の音が卓越している騒音が，機械の特定の部位から発生している場合がある。このとき発生源近くにおいたスピーカーから騒音とは逆位相の音を発生させると，騒音をキャンセルする効果が得られる可能性がある。また，自動車とかコントロールルームのように比較的狭い空間内だと，複数のマイクロホンとスピーカーを設置して，運転者とかオペレーターの頭部付近を静穏にすることも実現されている。一般に周波数の低い領域の防音対策はむずかしい，あるいは対策設備が大きくなることから，ANCが有効な対策となることがある。

　このようにANCがすぐれて有効性を発揮するケースもあるが，実際はANC単独ではなく，本書に示された種々の対策とANCとを組み合わせて騒音防止の実をあげるように対策が施されている。一方，例えば野球場の応援の騒音をANCでキャンセルできるか，というと，それはできない相談であるし，空飛ぶ飛行機から伝わってくる音をANCでキャンセルすることはできない。

　1977年以降に進んだもう１つの騒音研究は，影響に関する疫学的研究である。本書の趣旨とは少しはずれるが，８頁に騒音の影響について簡単に説明があるので，補足しておきたい。騒音の人間への影響は，大きく分けて心理的影響と生理的影響（聴力影響を含む）とがある。心理的影響については，音響心理学的実験や質問紙調査によって1970年代にはかなり詳しい知見が得られていた。一方，聴力影響に関していうと，1970年ごろは騒音ばく露量と聴力低下との定量的関係がほぼ確定的に知られた時期である。しかし生理的影響については，若干の疫学調査，動物実験，人体を用いた実験（血圧上昇など）の結果と一般的な生理学的知見とに鑑みて生理的影響が起こりうる，とする見解が通説であった。騒音がストレス（正確にはストレッサー）となるとみなし，ストレス学説を引用して生理的影響が発現する可能性を指摘したものが多かった。ただしそれは作業環境のような強大な騒音に常習的にばく露される労働者を想定したものであって，環境騒音による生理的影響の発現については疑問視されていた。当時，騒音の生理的影響の国内第一人者であった長田泰公博士（元国立公衆衛生院院長）は次のように述べておられたものである。「環境騒音による騒音の生理的影響の発現は，possibleではあるがprobableではない」と。

　これに対し，1990年代以降に環境騒音の影響に関する大規模な疫学調査がヨーロッパなどで

実施されてきた。その結果，騒音のさまざまな身体的影響（ここでは生理的メカニズムが必ずしも確定されないが，統計的に騒音の影響が認められる場合をいう）が，一般環境中でも確認されたが，とりわけ注目を浴びたのは，虚血性心疾患を中心とする循環器系への影響である。こういった影響自体は，従来から指摘されていたことであるが，その発症リスクを圧倒的多数の人口を対象にした疫学調査結果の分析から算出したものだ。虚血性心疾患のリスクが算出されると，一定の仮定のもとにその死亡リスクも推定することができる。北海道大学の松井利仁教授が行なった計算では，騒音ばく露による生涯死亡リスクは，インフルエンザのそれに匹敵するものである。

　わが国では，沖縄県が1995年から4年間嘉手納・普天間基地周辺の騒音ばく露とその影響に関する実態調査を実施したのが，近年ではほとんど唯一の騒音に関する大規模疫学調査である。その調査委員会の会長は本書の監訳者であった故山本剛夫博士（当時京都大学名誉教授）で，筆者は副会長として参画したが，その調査結果は，聴力低下，低出生体重児出生率の増大，高血圧者の増加などの身体的影響の発現を明確に示していた。調査委員会顧問に就いておられた長田博士はそれをみて，「環境騒音によって身体的影響が発現する可能性は低い，と論じてきたが，自説を改める」と委員会の席上述べられた。それは，騒音の影響に関する研究の進展が確認された，印象深い瞬間であった。

　「騒音は感覚公害」だ，といわれる。確かに，騒音は会話妨害，不快感といった心理的影響を及ぼすことが日常生活の経験に照らしても明らかであるから，その側面は否めない。しかし，過去30年来の環境騒音の影響に関する疫学調査結果に鑑みると，その言葉は誤りではないにせよ，誤解を招く（ミスリーディング）と言わざるを得ない。「感覚公害」だというと，「所詮気の持ちようだ」，「慣れる」，「我慢せよ」という認識につながるのである。しかし，騒音の身体的影響に「慣れ」とか「我慢」は通用しない。本書を作成したスウェーデン労働環境基金が想定しているのは作業環境で，そこでは一般環境に比べて強大音ばく露の機会が多いから，騒音の身体的影響の発現する可能性が高い，と考えられるのである。この認識は共有されてよいであろう。

（京都大学名誉教授　平松幸三）

監訳者・翻訳者紹介

山本　剛夫（やまもと・たけお）
1949年　京都大学医学部卒業
1965年　京都大学工学部教授
　　　　京都大学名誉教授
2015年　逝去

平松　幸三（ひらまつ・こうぞう）
1969年　京都大学工学部卒業
1979年　工学博士
　　　　京都大学，武庫川女子大学を経て
2003年　京都大学教授
現　在　京都大学名誉教授

中桐　伸五（なかぎり・しんご）
1968年　岡山大学医学部卒業
　　　　公設国際貢献大学校 国際保健医療学部長
1996年　衆議院議員。2期務める。
2016年　逝去

片岡　明彦（かたおか・あきひこ）
1982年　京都大学工学部卒業
現　在　関西労働者安全センター

車谷　典男（くるまたに・のりお）
1976年　奈良県立医科大学卒業
1984年　医学博士
現　在　奈良県立医科大学名誉教授

熊谷　信二（くまがい・しんじ）
1975年　京都大学工学部卒業
1998年　博士（工学）
2018年　産業医科大学定年退職

伊藤　昭好（いとう・あきよし）
1978年　京都大学工学部卒業
1989年　工学博士
現　在　産業医科大学教授

イラストで見る　よくわかる騒音
騒音防止の原理と対策

令和 2 年 4 月21日　第 1 版第 1 刷発行

原　　　編	スウェーデン労働環境基金
編　　　者	アメリカ合衆国労働省労働安全衛生局
監 訳 者	山本　剛夫
訳　　　者	平松幸三　中桐伸五　片岡明彦
	車谷典男　熊谷信二　伊藤昭好
発 行 者	三田村　憲明
発 行 所	中央労働災害防止協会
	〒108-0023
	東京都港区芝浦 3 丁目17番12号
	吾妻ビル 9 階
	電話　販売　03（3452）6401
	編集　03（3452）6209
印刷・製本	株式会社　日本制作センター
表　　　紙	Factory M

落丁・乱丁本はお取り替えいたします。

©YAMAMOTO Takeo, HIRAMATSU Kozo, NAKAGIRI Shingo,
KATAOAKA Akihiko, KURUMATANI Norio, KUMAGAI Shinji, ITO
Akiyoshi, 2020

ISBN978-4-8059-1922-4 C3050
中災防ホームページ　https://www.jisha.or.jp/